混凝土工程施工质量通病表解速查手册

栾怀军　主编

中国建筑工业出版社

图书在版编目（CIP）数据

混凝土工程施工质量通病表解速查手册/栾怀军主编. —北京：中国建筑工业出版社，2015.7
ISBN 978-7-112-18408-8

Ⅰ.①混…　Ⅱ.①栾…　Ⅲ.①混凝土施工-质量检验-手册　Ⅳ.①TU755-62

中国版本图书馆 CIP 数据核字（2015）第 202945 号

混凝土工程施工质量通病表解速查手册
栾怀军　主编

＊

中国建筑工业出版社出版、发行（北京西郊百万庄）
各地新华书店、建筑书店经销
北京红光制版公司制版
环球印刷（北京）有限公司印刷

＊

开本：850×1168 毫米　横 1/32　印张：8½　字数：228 千字
2015 年 11 月第一版　　2015 年 11 月第一次印刷
定价：**25.00** 元
ISBN 978-7-112-18408-8
（27653）

本书根据《混凝土结构工程施工质量验收规范》GB 50204—2015 和《混凝土结构工程施工规范》GB 50666—2011 编写。本书采用表格速查的形式，根据质量通病现象快速查找原因及防治措施。重点叙述各个子分部工程质量通病现象产生的原因及防治措施，同时，还附有各个子分部工程质量标准及验收方法。各章自成体系，表格较多，针对性、系统性强，并具有实际的可操作性，实用性强，便于读者理解和应用。全书共分为六章，内容主要包括：模板工程、钢筋工程、预应力工程、混凝土工程、现浇结构工程以及装配式结构工程。

本书可供广大混凝土结构工程施工人员及工人工作时查阅，也可供大专院校、中等专业学校相关专业的师生阅读参考。

＊　　＊　　＊

责任编辑：郭　栋
责任设计：李志立
责任校对：陈晶晶　刘梦然

编 委 会

主　编　栾怀军

参　编　王　乔　刘　嫣　张　彤　孙晓冬　邱　东　赵志宏

　　　　张永军　马　田　孙　喆　曲延安　任明法　姜　雷

　　　　张建铎　刘香燕

前　　言

随着我国大规模的经济建设开展，建筑结构发展十分迅速，建筑材料、设计和科学理论研究都获得了长足发展，使城乡建设面貌焕然一新。在这些土木建筑中，混凝土在结构的安全、可靠度和耐久性方面起绝对的作用，因此，加强对混凝土的质量控制也就尤其至关重要。基于此，我们组织编写了此书。

本书根据《混凝土结构工程施工质量验收规范》GB 50204—2015、《混凝土结构工程施工规范》GB 50666—2011、《钢筋焊接及验收规程》JGJ 18—2012等编写。共分为六章，内容主要包括：模板工程、钢筋工程、预应力工程、混凝土工程、现浇结构工程以及装配式结构工程。

本书采用表格速查的形式，根据质量通病现象快速查找原因及防治措施。重点叙述各个子分部工程质量通病现象产生的原因及防治措施，同时，还附有各个子分部工程质量标准及验收方法。各章自成体系，表格较多，针对性、系统性强，并具有实际的可操作性，实用性强，便于读者理解和应用。

本书可供广大混凝土结构工程施工人员及工人工作时查阅，也可供大专院校、中等专业学校相关专业的师生阅读参考。

由于编写时间仓促，编写经验、理论水平有限，难免有疏漏、不足之处，敬请读者批评指正。

目　　录

1 模 板 工 程

1.1 质量通病原因分析及防治措施

1.1.1 一般规定

为了保证模板工程一般规定的质量，要求相关工作人员必须熟悉质量问题的现象和防治方法。常见的模板工程一般规定的质量问题列于表 1-1 中。

模板工程一般规定质量通病分析及防治措施 表 1-1

质量通病现象	原 因 分 析	防 治 措 施
模板施工前无现场技术、安全交底，或交底内容无针对性	施工前现场技术管理人员向施工班组进行技术交底，是保证施工方案顺利实施的基本制度。如果不执行该制度，会使具体实施操作者不了解施工方案，导致管理和操作脱节	（1）施工技术交底可分为一级技术交底（项目工程师对专业管理人员的技术交底）和二级技术交底（专业管理人员对施工操作人员的技术交底） 1）一级技术交底的内容包括：分部分项工程概况，参照的方案要求，引用的规范规程，重要工序控制的注意事项，采用新材料、新工艺时可能出现问题的汇报手续，施工中发现问题紧急处理的汇报手续等 2）二级技术交底的内容包括：模板工作量和完成任务时间，施工设计图内容，施工方法，操作程序和流水段划分，应注意的特殊技术要求（如节点处理、预埋件、预留孔等），模板安装质量要求和安全技术措施等。施工及操作人员应熟悉施工图和模板工程的设计，能按设计方法施工

质量通病现象	原 因 分 析	防 治 措 施
模板施工前无现场技术、安全交底，或交底内容无针对性		（2）交底方法可以书面和会议形式相结合，同时应有交底者和被交底者的签字
模板工程施工方案中没有安全技术措施	模板工程具有工作量大，组成模板体系的杆件、扣件等数量繁多，操作人员多，高空作业多等特点。若模板工程施工方案中没有详细明确的施工安全技术措施，必然会导致安全设备供应不充分，安全技术措施不落实，造成操作人员不遵守操作规程，忽视安全施工，频发安全事故	模板工程施工方案应具备明确的安全施工技术措施，该措施主要包括以下内容： （1）一般要求 1）模板工程作业高度在2m及其以上时，要按照高空作业安全技术规范的要求进行操作和防护，要有可靠安全的操作架子，4m以上或二层以上周围应围设安全网、防护栏杆 2）操作人员不得攀登模板或脚手架上下通行，严禁在墙顶、独立梁及其他狭窄又无防护栏的模板面上行走 3）高处作业支架、平台通常不宜堆放模板料，必须短时间堆放时，一定要码放平稳，不可堆得过高，必须控制在架子或平台的允许荷载范围内 4）高处支模工人所用工具不用时应该放在工具袋内，不可随意将工具、模板零件放在脚手架上，以防坠落伤人 5）模板支撑不能固定在脚手架或门窗上，防止发生倒塌或模板位移

质量通病现象	原 因 分 析	防 治 措 施
模板工程施工方案中没有安全技术措施	模板工程具有工作量大，组成模板体系的杆件、扣件等数量繁多，操作人员多，高空作业多等特点。若模板工程施工方案中没有详细明确的施工安全技术措施，必然会导致安全设备供应不充分，安全技术措施不落实，造成操作人员不遵守操作规程，忽视安全施工，频发安全事故	6）雨期施工，高空作业应设有避雷设施，其接地电阻应≤10Ω。夜间施工时，必须有足够的照明，照明电源电压不得超过36V；冬期施工时，操作地点和人行通道的冰雪应事先清除干净，防止人员滑倒摔伤；遇6级以上大风时，应暂停室外高处作业 7）架空输电线路下进行模板施工，最好能停电作业，不然应采取保护措施 （2）模板安装安全施工技术要求 1）模板安装须按模板工程设计方案要求进行，不得随意变动 2）多层建筑物模板及其支架安装时，下层楼板结构强度只有达到能承受上层模板、支架和新浇混凝土的重量时，才能开始进行上层模板的安装。不然，下层楼板结构的支撑体系不能拆除 3）当层间高度>5m时，如果采用多层支架支模，则在两层支架立柱间应铺设垫板，且应保持平整；上下层支柱要垂直，并应在同一垂直线上 4）支柱安装完毕后应及时加固。当柱高>4m时，应设置上下两道水平撑，并加设剪刀撑。支柱每增高2m再增加一道水平撑和一道剪刀撑 5）安装墙、柱模板或预拼装模板时，应该边就位、边校正、边安装连接件，并随时加设稳固支撑，避免倾覆

続表

质量通病现象	原 因 分 析	防 治 措 施
模板工程施工方案中没有安全技术措施	模板工程具有工作量大，组成模板体系的杆件、扣件等数量繁多，操作人员多，高空作业多等特点。若模板工程施工方案中没有详细明确的施工安全技术措施，必然会导致安全设备供应不充分，安全技术措施不落实，造成操作人员不遵守操作规程，忽视安全施工，频发安全事故	6）预拼装模板垂直吊运时，应采取两个以上吊点，水平吊运时应采取4个吊点。吊点应作受力计算，应合理布置。吊装机械须在模板就位并连接牢固后方可脱钩 （3）模板拆除安全施工技术措施 1）拆模须提出申请，并按照混凝土同条件养护试件强度达到规范规定或设计要求时，才可批准拆除 2）对于大体积混凝土，除了应满足混凝土强度要求外，还应考虑保温措施。拆模之后要确保混凝土内外温度差不超过200℃，防止发生温差裂缝 3）模板拆除的顺序和方法，应按照模板设计方案规定进行。一般遵循"先装后拆，后装先拆"的原则。先拆非承重的模板，后拆承重的模板和支架 4）拆除模板须随拆随清理，即要做到现场整洁、文明施工，又不阻碍通行及发生坠落伤人事故 5）拆模时，下方不得有人，拆除区应设警戒线；拆除模板向下运送传递，一定要上下呼应，不能采取硬砸猛撬，致使大片塌落的方法。用起重机吊运拆除的模板时，模板应堆码整齐并捆牢后方可起吊，避免散落 6）在拆模过程中，若发现结构混凝土强度未达到要求，有影响结构安全的质量问题，应暂停拆模，经妥善处理并待实际强度达到要求后，才可继续拆除

4

质量通病现象	原 因 分 析	防 治 措 施
未按工程特点选用合适的模板体系	（1）不同工程对混凝土的外观质量有不同的要求，而用不同的材料支模会产生不同的外观效果，同时各种模板体系有各自不同的优缺点和适用范围，选用的模板不合适就会产生不良效果 （2）在大面积现浇平台模中使用小钢模，可能造成拼装速度慢、施工效率低等问题 （3）在要求较高的清水混凝土工程中使用组合小钢模，会产生外观质量差、拼缝多等不良效果 （4）在普通结构建筑墙、柱模中使用定型加工大钢模，可能造成浪费 因此，选用的模板体系和模板材料是否合适，将影响混凝土工程经济效益、施工效率和工程外观内在质量等综合性指标	（1）选择模板体系时首先应分析本工程特点，包括工程质量要求、构件截面形状、模板使用周转次数和经济分析等指标，然后选择适合本工程特点的模板体系，杜绝生搬硬套。模板的选材通常分为组合钢模、定型加工大模板和木（夹板）模板等 （2）组合钢模适用于普通建筑的现浇混凝土工程结构，对拆模后的混凝土构件外表无清水混凝土的质量要求，优点是通用性强、周转次数多、拆拆方便、费用较低 （3）定型加工大模板适用于非标准尺寸结构，同时也适用于周转使用工具式模板的结构和要求为清水混凝土的结构 1）优点是简化工艺、加快施工速度、工效高、工程质量好、劳动强度低、确保每次翻用后构件截面尺寸一致，混凝土外表光洁、平整 2）缺点是一次投入费用大，不同工程或不同构件间通用性较差等 （4）木（夹板）模板适用于大面积现浇平台板和作大面积墙板侧模。优点是表面平整、拼缝少、工效高，用涂塑夹板则构件表面能达到很好的清水混凝土效果

质量通病现象	原 因 分 析	防 治 措 施
模板工程施工时没有施工方案	模板工程是混凝土结构工程的重要分项工程。模板的选材、制作及安装质量，直接影响到混凝土结构与构件的内在质量和外观质量的好坏，关系到混凝土工程的经济效益及施工效率的高低。若模板工程施工时，没有模板工程施工方案，没有经过针对性的设计计算，仅凭经验确定施工用模板及支撑系统，若没有足够的承载力、刚度和稳定性，将会导致模板变形，混凝土标高、轴线、层高、垂直度、截面尺寸等超过允许偏差，达不到合格标准，浪费人力、财力，严重者将会导致模板变形坍塌，造成重大的质量和安全事故	为了保证混凝土质量和安全施工，模板工程必须有模板体系施工设计，并应有针对性的结构计算。设计时，应按照工程结构形式、荷载大小、地基土类别、施工设备和材料供应等条件进行全面多方位的考虑；模板设计应当满足《混凝土结构工程施工质量验收规范》(GB 50204—2015)及其他行业施工规程的要求 模板设计的内容主要包括选型、选材、配板、荷载计算、结构设计和绘制模板施工图等，各项设计的内容和详尽程度，可按照工程的具体情况和施工条件而定 模板设计的原则应遵循： (1) 实用性 主要应确保混凝土结构的质量。具体要求为：接缝严密不漏浆；构件的外形尺寸和相互位置的准确；模板构件简单，支拆方便 (2) 安全性 确保在施工过程中不变形、不破坏、不倒塌 (3) 经济性 针对工程结构的具体情况，在保证质量和工期的前提下，尽可能减少一次性投入，增加模板周转，减少支拆用工，实现文明施工。模板分项工程设计通常由项目部项目工程师组织编制，并按企业内部管理制度上报公司技术部门审批后执行。重要的、复杂的模板分项工程设计应该由公司技术部门组织编制，经公司总工程师审批后组织实施

质量通病现象	原 因 分 析	防 治 措 施
模板工程施工方案不全面，无操作说明，验收标准不明确	模板工程施工方案不全面、不完整，缺乏必要的文字说明、操作方法、质量标准、质量保证措施和安全措施等，使现场管理人员和操作人员无法完全掌握方案要领，会导致施工管理和质量管理混乱	(1) 模板工程施工方案必须按施工组织设计要求编制，模板排列图、文字说明和工艺操作规程应详细 (2) 制定技术、质量、安全、文明施工措施和质量验收要求，表达要清晰完整，尤其是对新工艺、新技术要有配合的图和文字，把设计思路和各种要求表达清楚 (3) 组合钢模板除应满足技术规范和验收规范外，还应重点检查下列几个方面： 1) 组合钢模板安装是否符合该工程原配板设计和技术措施的规定 2) 组合钢模板的支承点和支撑系统是否可靠、稳定，连接件中的紧固件和支撑扣件紧固情况，并应用力矩扳手进行检查 3) 预埋件、预留洞的规格、位置、数量和固定情况是否正确可靠，必须逐项验收 4) 组合钢模板安装完成后，必须按《建筑安装工程质量检验评定标准》的规定，进行逐项评定验收 其余各类模板可做类似检查、补充

质量通病现象	原 因 分 析	防 治 措 施
模板使用前后不做修整、保护工作	（1）模板表面混凝土残浆清除不干净就刷脱模剂使用，会造成不易脱模、混凝土表面出现麻面等缺陷 （2）模板拆下后如果不修整、保养，将会锈蚀；有些模板在使用过程中产生破损、挠曲、变形等缺陷，如果不进行挑选和适当修整，会影响混凝土结构和构件质量，同时也会缩短模板的使用寿命	（1）每次使用钢模板后，必须进行清理、铲除灰浆和混凝土残渣，进行模板修整，脱焊部分要补焊，钢模板面上不用的孔洞可用板厚相同的小圆钢片补焊平整，并用砂轮磨平，其他部分用细砂轮或钢丝刷打光。经过清理和修整的模板应刷脱模剂和防锈油以备用。钢模板的配件在使用后应进行同样的清理和修整，不能修复的作报废处理；清理完毕后，应上油分类装箱备用 （2）每次使用木模板后也应清理，铲除灰浆和混凝土残渣，分类堆放整齐，对脱胶损坏的进行修整 （3）各类构件的丝牙应及时回牙整理，上防锈油
较复杂的现浇混凝土结构没有做模板设计	（1）模板及支架必须可靠地承受现浇混凝土的自重、侧压力和施工中产生的荷载，并具有足够的刚度和稳定性，构造简单，装拆方便，能够保证工程结构的各部分形状尺寸和相互位置正确	对较复杂的现浇混凝土模板，应根据工程结构形式、荷载大小、支撑的基土类别情况、所用施工设备和材料等作结构计算，进行模板设计 （1）选用的材质应符合相应的标准或有关规定。选用钢材应符合《碳素结构钢》（GB 700—2006）的规定；钢模板和支架的设计应符合现行《钢结构设计规范》（GB 50017—2003）的规定；冷弯薄壁型钢应符合《冷弯薄壁型钢结构技术规范》（GB 50018—2002）的规定；木模板及其支架的设计应符合《木结构设计规范》（GB 50005—2003）的规定；组合钢模板的设计应符

质量通病现象	原 因 分 析	防 治 措 施
较复杂的现浇混凝土结构没有做模板设计	（2）在施工较复杂的现浇混凝土工程中，如果模板及支架没有足够的承载能力、刚度和稳定性，就会导致模板变形，混凝土标高、层高、轴线、垂直度、截面尺寸等超过允许偏差，无法达到合格标准，严重的会导致安全事故	合《组合钢模板技术规范》（GB/T 50214—2013）的规定；滑升模板设计应符合《滑动模板工程技术规范》（GB 50113—2005）的规定 （2）模板及其支架的设计必须具有足够的承载能力、刚度和稳定性，能可靠地承受新浇混凝土的自重、侧压力和在施工过程中产生的荷载 1）设计内容一般包括：选型、选材、结构计算、施工图和说明 2）支架设计的荷载应包括：钢筋、新浇混凝土、模板及其支架的自重，新浇筑混凝土对模板的侧压力，振捣和倾倒混凝土时产生的荷载，施工人员和施工设备荷载等
特殊模板和支架的设计忽略了变形验算	复杂模板，尤其是大型构件模板体系，如果忽略了模板和支架的变形因素，易产生混凝土构件变形大、沉降量大、挠度大、平整度差、偏位等现象，无法达到设计要求的受力状态（包括尺寸状态和受力状态），还可能引起构件裂缝	（1）进行模板设计时，对整个模板体系（包括面板、支架和围檩）应计算、验算变形 （2）设计和搭设常用钢管支架时，应考虑适当的压缩变形。如弹性变形、基础沉降等，包括下列因素： 1）支架承受施工荷载所引起的弹性变形 2）超静定结构由于混凝土收缩、徐变和温度变化而引起的挠度 3）受荷载后，由于杆件接头的挤压或卸落设备后压缩而产生的变形 4）支架基础在受荷载后的沉陷 （3）预留施工抛高沉落值参照表见表1-2

质量通病现象	原 因 分 析	防 治 措 施
模板安装、钢筋绑扎、管线安装等工序相互干扰	项目施工组织是各工种工序先后安排、有机联系、合理组织的过程,尤其是模板安装、钢筋绑扎、管线布置、预埋件安置等工序应注意相互穿插配合。有些部位是先安装模板,再绑扎钢筋;有些部位是先绑扎钢筋、预埋管线,再安装模板。各部位如果不按工艺要求的先后次序进行施工,并分步骤验收,各工序会相互影响,导致工序混乱,时间拖长,质量不合格,严重时有些工序会严重混乱,甚至返工	(1) 分清各工序的先后顺序,事先将施工组织好,施工过程中操作顺序不得颠倒。如平台楼层等构件,一般应先安装模板,再绑扎钢筋、预埋管线;竖向构件,一般不得先拼好模板再绑扎钢筋、预埋管线 (2) 各工序应分步进行,经验收合格后才能移交下道工序施工,不得在各分项工序全部完成后、在浇混凝土前统一验收,由于此时如果发现其中一个分项工序不合格,将影响其他相关工序,从而一起返工修整。如竖向构件立柱中最终验收发现预埋管线或钢筋不合格,将导致已安装完的模板返工 (3) 施工组织一定要安排好各工序施工的先后顺序,并严格执行分项验收制度,上道工序验收不合格不得转入下道工序施工,不得几道工序合并验收
模板拆除方案中,未规定拆模顺序和具体要求	模板拆除方案中,如果未规定拆模顺序和具体要求,就会导致模板拆除顺序颠倒,甚至硬砸猛撬,损坏模板设备和构件外形,往往造成损伤构件质量和人身安全事故	(1) 拆除模板时应保证混凝土结构安全和外观质量。拆模顺序通常情况下是先装后拆,后装先拆。先拆除承重较小部位的模板及其支架,然后拆除其他部位的模板及支架 1) 普通模板:通常先拆非承重模板,后拆承重模板;先拆侧模,后拆底模 2) 大型结构模板:应按预先制订的施工技术方案进行 3) 框架模板:一般情况下,先拆柱模,再拆楼板模,然后拆梁侧模,最后拆梁底模

质量通病现象	原 因 分 析	防 治 措 施
模板拆除方案中，未规定拆模顺序和具体要求	模板拆除方案中，如果未规定拆模顺序和具体要求，就会导致模板拆除顺序颠倒，甚至硬砸猛撬，损坏模板设备和构件外形，往往造成损伤构件质量和人身安全事故	4）楼梯模板：拆模顺序为：梯级板→梯级侧板→梯板侧板→梯板底板 （2）柱模板的拆除时，若为单块组拼时，应当先拆除钢楞、柱箍和对拉螺栓等连接件、支撑件，再从上而下逐步拆除；若为预组拼时，则应先拆除两个对角的卡件，并作临时支撑后，再拆除另两个对角的卡件，等待吊钩挂好，拆除临时支撑，才能脱钩起吊 （3）墙模板的拆除时，若为单块组拼时，在拆除对拉螺栓、大小钢楞和连接件后，从上而下逐步拆除；若为预组拼时，应在挂好吊钩，检查所有连接件拆除后，才能拆除临时支撑脱模起吊 （4）梁、板模板拆除时，应该先拆梁侧模，再拆楼板底模，最后拆除梁底模。若要拆除的梁下支柱跨度较大的时，应该先从跨中开始分别拆向两端 （5）多层楼板模板和支柱的拆除，应满足下列要求：上层楼板正在浇筑混凝土时，下一层楼板的模板支柱不得拆除，再下一层楼板模板的支柱，只可拆除一部分，跨度4m及其以上的梁下均应保存支柱，其间距不得大于3m

质量通病现象	原 因 分 析	防 治 措 施
在浇筑混凝土过程中，不设专人看模板	混凝土浇捣过程中，因为种种因素，如混凝土倾倒、振捣时不慎碰撞模板，操作流程上不完全正确、地基土积水沉陷等，均会使模板和受力处于不利状况，所以在模板局部薄弱部位易发生偏位甚至局部爆模的现象，如无专人看管，不能及时发现，则无法及时反馈信息提示现场管理人员及时组织处理，将会导致已浇混凝土构件严重偏位、外形尺寸不正，并且硬化后的混凝土再处理相当困难，导致材料、人力浪费，同时也不利于及时阻止上述问题的发生	模板在浇捣混凝土过程中，应当适当安排一定数量的模板操作工，进行模板监护工作，哪里有薄弱点、哪儿有发生问题的趋向就当场按模板技术方案及时补救加固。若发现有严重问题时应及时反馈现场管理人员，以便及时组织人员抢救，以杜绝在浇捣混凝土过程中模板发生问题
施工现场验收制度和责任制不明确	施工现场分步验收制度和责任者不明，会出现上道工序未经验收合格即转入下道工序施工的情况，很难保证施工质量；由于上道工序不合格，下道工序继续施工会引起全面返工，耗工耗时。同时不落实责任制和验收人，将降低过程管理的效率，管理人员无责任约束	(1) 加强模板施工的过程管理，如放样弹线复核、支架搭设复核、地基基础处理验收和模板拼装质量验收（包括施工前对组合钢模、木模等材料的质量验收，定型加工模板的加工制作质量验收） (2) 每步验收均应有相应的责任人，制定验收表格和标准，严格按上道工序验收合格后才能进入下道工序的流程操作 (3) 落实三级验收制（即班组自检、施工管理人员专检、监理抽检），以确保工程质量，制定相关管理条例和奖罚措施，做到标准明确、程序明确、形式明确、奖罚责任明确

质量通病现象	原 因 分 析	防 治 措 施
模板装拆无安全措施	模板施工涉及高空作业，模板体系配件种类多，工程量大，无安全措施，极易造成安全事故	（1）模板装拆的一般安全措施 1）严格遵守施工组织设计中规定的安全技术措施，严格执行国家颁布的建筑安装企业安全施工规定和规程 2）登高作业时，连接件必须放在箱盒或工具袋中，严禁放在模板或脚手板上，扳手等各类工具必须系挂在身上或置放于工具袋内，不得掉落 3）模板装拆时，上下应有人接应，应随装拆随转运，不得堆放在脚手板上，严禁抛掷踩撞，若中途停歇，必须把活动部件固定牢靠 4）装拆模板，必须有稳固的登高工具或脚手架，高度超过3.5m时，必须搭设脚手架。装拆过程中，除操作人员外，下面不得站人，高处作业时，操作人员应挂上安全带 5）安装墙、柱模板时，应随时用支撑固定，防止倾覆 6）安装预组装成片模板时，应边就位，边校正和安设连接件，并加设临时支撑稳固 7）预组装模板装拆时，垂直吊运应采取两个以上的吊点，水平吊运应采取四个吊点，吊点应合理布置并作受力计算 8）预组装模板拆除时，宜整体拆除，并应先挂好吊索，然后拆除支撑及拼接两片模板的配件，待模板离开结构表面后再起吊，吊钩不得脱钩

质量通病现象	原　因　分　析	防　治　措　施
模板装拆无安全措施	模板施工涉及高空作业，模板体系配件种类多，工程量大，无安全措施，极易造成安全事故	9）拆除承重模板时，为避免突然整块坍落，必要时应先设立临时支撑，然后进行拆卸 （2）模板安装的安全操作要点 1）基础模板施工，在地面以下支模时，应先检查土壁的稳定情况；不得在基坑边缘 1m 内堆放模板及支承件；向基坑内吊运模板时，应有专人指挥；绑扎钢筋及浇筑混凝土时不得站在模板上操作；振捣混凝土时，应避免振捣器直接振击模板 2）墙、柱模板现场拼装时，模板的排列、内外钢檩的位置、紧固件和钢箍等的位置均应按设计规定就位。分段分层支模时，必须由下而上，各种支承件应由紧固件固定。安装预制大模板时，应边就位边校正，同时安装连接件和设置支撑。预制大模板在固定后才能脱钩，防止倾覆。支撑应形成整体，避免浇筑混凝土时产生模板变形 3）安装独立梁时应设操作台。梁板模板的支柱应使上下层在一条竖向直线上。支柱、纵横向水平杆和剪刀撑等均应按设计的规定布置。模板的支柱宜用长料，同一支柱的连接头不宜超过两个，负荷较大的支柱接头宜采用对接。楼层较高时，如果支柱有两个以上接头时，则需有加强措施。底层支柱下设通长垫板，支承地基土要平整压实。如果在已拆除支撑的下层结构上支模，必须验算该楼层结构的承载能力

质量通病现象	原 因 分 析	防 治 措 施
模板装拆无安全措施	模板施工涉及高空作业，模板体系配件种类多，工程量大，无安全措施，极易造成安全事故	（3）模板拆除的安全操作要点 1）模板拆除应按照施工组织设计和安全技术措施的规定进行 2）拆除地下钢模板时，应注意土壁的稳定，拆下的模板和支承件应随拆随运走，不得堆于坑边 3）拆除现场拼装的墙、柱、梁模板时，应逐块拆除，不得将成片的模板先拆除连接件再撬落或拉倒 4）拆除楼层结构模板时，应设临时支撑，以免大片模板坠落 5）严禁抛掷拆下的模板，高层建筑的四周应有防护措施，防止模板和连接件向外坠落。地面上应设有标志，必要时要有专人看管 6）拆除预拼装大模板时，应先挂钩，然后拆卸连接件，再将模板慢慢放下。拆下的模板和配件应分类堆放整齐，堆放数量不得超过楼面的设计荷载

预留施工抛高沉落值参照表 表 1-2

项 目		数 值
接头承压非弹性变形	木与木	每个接头顺纹 2mm，横纹 3mm
	木与钢	每个接头 2mm
卸落设备的压缩变形	砂筒	2~4mm
	木楔或木马	每个接头 1~3mm

项　目		数　值
支架基础的沉陷	底梁置于砂土上	5～10mm
	底梁置于黏土上	10～20mm
	底梁置于混凝土上	3mm

1.1.2　模板安装

为了保证模板安装质量，要求相关工作人员必须熟悉质量问题的现象和防治方法。常见的模板安装质量问题列于表1-3中。

模板安装质量通病分析及防治措施

表 1-3

质量通病现象	原　因　分　析	防　治　措　施
将预留孔（洞）或固定在模板上的预埋件遗漏	遗漏预留孔（洞）或模板上预埋件的主要原因是木工翻样工作差错或者是预埋件加工数量不够，模板安装时疏漏造成。预留孔（洞）及预埋件是一些重要的结构连接件和安装工程的一些吊、支架或管线留洞，是重要的技术复核和隐蔽验收工作，一旦遗漏将给下道工序带来问题，补救工作困难。重新在混凝土结构工程上打洞及重新埋置预埋件，不但破坏了混凝土结构而且重新埋置的预埋件不能确保与结构连接牢固	加强技术复核工作，对木工翻样应有专人复核，提料单应审核，安装时加强自检及隐蔽验收，把住技术复核和隐蔽验收关，预埋件及预留孔洞均不得遗漏，其规格、数量、中心位置、标高等必须正确，安装必须牢固，在施工过程中应有专人看模板、预埋件等，一旦发生位移必须及时纠正，保证其位置正确。规范规定预埋件和预留孔洞的允许偏差值 对预埋件的外露长度，只允许有正偏差，不允许有负偏差；对预留洞内部尺寸，只允许大，不允许小

质量通病现象	原 因 分 析	防 治 措 施
模板支架的底部支撑在松软的泥土地面上	模板支撑在松软的泥土地面上时，可能暂时不会发生模板及支架的变形，但是在混凝土浇捣的过程中，由于施工荷载及混凝土自重不断增加，松软的泥土地面会下沉，支架随地面下沉而变形、位移，导致模板变形，造成混凝土梁、板等构件不平、下挠，外形尺寸改变或混凝土裂缝，甚至坍塌	支架的底部泥土地面必须认真夯实，铺上通长的垫木，用木楔楔紧，必要时在垫木下面加垫板，以增加支架下垫木与地面的承压面，确保支架不沉陷
模板支撑选配不当	由于模板支撑体系选配和支撑方法不当，结构混凝土浇筑时产生变形 原因分析如下： （1）支撑选配马虎，未经过安全验算，无足够的承载能力及刚度，混凝土浇筑后模板变形 （2）支撑稳定性差，无保证措施，混凝土浇筑后支撑自身失稳，使模板变形	（1）模板支撑系统根据不同的结构类型和模板类型来选配，以便相互协调配套。使用时，应对支承系统进行必要的验算和复核，尤其是支柱间距应经计算确定，确保模板支撑系统具有足够的承载能力、刚度和稳定性 （2）木质支撑体系如与木模板配合，木支撑必须钉牢楔紧，支柱之间必须加强拉结连紧，木支柱脚下用对拔木楔调整标高并固定，荷载过大的木模板支撑体系可采用枕木堆塔方法操作，用扒钉固定好 （3）钢质支撑体系其钢楞和支撑的布置形式应满足模板设计要求，并能保证安全承受施工荷载，钢管支撑体系一般宜扣成整体排架式，其立柱纵横间距一般为1m左右（荷载大时采用密排形式），同时应加设斜撑和剪刀撑

质量通病现象	原 因 分 析	防 治 措 施
模板支撑选配不当	（1）支撑选配马虎，未经过安全验算，无足够的承载能力及刚度，混凝土浇筑后模板变形 （2）支撑稳定性差，无保证措施，混凝土浇筑后支撑自身失稳，使模板变形	（4）支撑体系的基底必须坚实可靠，竖向支撑基底如为土层时，应在支撑底铺垫型钢或脚手板等硬质材料 （5）在多层或高层施工中，应注意逐层加设支撑，分层分散施工荷载。侧向支撑必须支顶牢固，拉结和加固可靠，必要时应打入地锚或在混凝土中预埋铁件和短钢筋头做撑脚
杯形基础模板杯基中心线不准	（1）杯基中心线弹线未兜方 （2）杯基上段模板支撑方法不当，浇筑混凝土时，杯芯木模板由于不透气，相对密度较轻，向上浮起 （3）模板四周的混凝土振捣不均衡，造成模板偏移 （4）操作脚手板搁置在杯口模板上，造成模板下沉 （5）杯芯模板拆除过迟，粘结太牢	（1）杯形基础支模应首先找准中心线位置及标高，先在轴线桩上找好中心线，用线坠在垫层上标出两点，弹出中心线，再由中心线按图弹出基础四面边线，要兜方并进行复核，用水平仪测定标高，然后依线支设模板 （2）木模板支上段模板时采用抬轿杠，可使位置准确，托木的作用是将轿杠与下段混凝土面隔开少许间距，便于混凝土面拍平 （3）杯芯木模板要刨光直拼，芯模外表面涂隔离剂，底部应钻几个小孔，以便排气，减少浮力 （4）浇筑混凝土时，在芯模四周要均衡下料并振捣 （5）脚手板不得搁置在模板上 （6）拆除的杯芯模板，要根据施工时的气温及混凝土凝固情况来掌握，一般在初凝前后即可用锤轻打，撬棍拨动。较大的芯模，可用捯链将杯芯模板稍加松动后再徐徐拔出

质量通病现象	原 因 分 析	防 治 措 施
杯形基础的杯芯模板支撑方法不当，且底部未钻透气孔	杯芯模板如果支档方法不当，且底部未钻透气孔，浇筑混凝土时，杯芯木模板因为不透气，产生浮力而会向上浮起，会导致杯底标高不准。杯芯模板支撑方法不当，固定不牢，浇筑混凝土时若四周下料不均匀，振捣不均衡，会造成杯芯模偏移，导致杯口不正，剔凿杯口内混凝土操作比较困难	（1）杯芯模板有整体式和装配式两种。可采用木板或组合钢模板与异形角钢竖向拼制成，并做成上大下小的锥度 （2）杯形木模板要刨光直拼，芯模外表面涂脱模剂，底部钻几个小孔，用于排气，减少浮力 （3）杯芯模借轿杠支承在杯颈模板上口中心固定牢固 （4）杯芯部分浇筑混凝土时，应当在芯模四周均匀下料并均衡振捣密实
楼梯模板采用组合钢模板时，局部采用木模相拼，拼缝不严；楼梯支撑不牢靠	楼梯底模采用组合钢模板，遇有不能满足模数配齐时，用木模板相拼，楼梯侧帮模也用木模板制作，容易形成拼缝不严密，浇捣混凝土时容易漏浆，形成蜂窝、孔洞；楼梯支撑不牢靠，不设置水平撑或剪刀撑，浇捣混凝土时支架下沉或歪斜，影响楼梯底板或楼梯梁支点偏移，导致质量和安全事故	楼梯模板除了具备楼板模板特点外，还有支设倾斜、有踏步的特点。因此，安装时，应注意以下几点： （1）楼梯模板施工前应根据层高放大样，通常先支基础和平台梁模板，再安装楼梯斜梁或楼梯底模板，最后安装楼梯外帮侧板 （2）为防止下沉，支架长细比过大的应加水平撑或斜撑，保证底模板的稳定，楼梯底板支架应该支撑在坚硬的基层上并用单楔楔紧 （3）楼梯模板构造较复杂，通常宜采用木模板制作与安装。木模板安装时，外帮侧板应先在其内侧弹出楼梯底板厚度线，用套板画出踏步侧板位置线，钉好固定踏步侧板的档木，再钉侧板，要求侧板钉牢钉严，避免漏浆。踏步高度要均匀一致，尤其要注意每层楼梯最下一步与最上一

质量通病现象	原 因 分 析	防 治 措 施
楼梯模板采用组合钢模板时，局部采用木模相拼，拼缝不严；楼梯支撑不牢靠	楼梯底模采用组合钢模板，遇有不能满足模数配齐时，用木模板相拼，楼梯侧帮也用木模板制作，容易形成拼缝不严密，浇捣混凝土时容易漏浆，形成蜂窝、孔洞；楼梯支撑不牢靠，不设置水平撑或剪刀撑，浇捣混凝土时支架下沉或歪斜，影响楼梯底板或楼梯梁支点偏移，导致质量和安全事故	步的高度，须考虑到地面面层厚度，防止因为面层厚度不同而形成踏步高差过大。如楼梯宽度大，则应沿踏步中间向上设置反扶梯基加钉 1～2 道吊木加固，如图 1-1 所示 (4) 楼梯模板如选用钢模板时，应以 2mm 厚薄钢板模和8 号槽钢点焊连接成型，每步两块侧帮必须对称使用，侧帮与楼梯立帮用 U 形卡连接，如图 1-2 所示
柱箍设置的间距太大	不掌握混凝土侧压力对模板的影响程度，使用的模板柱箍材料截面及刚度小，柱箍设置的间距大，浇捣混凝土的侧压力会将模板柱箍向外推移，柱箍被拉开，造成模板爆模，混凝土漏浆、不密实，形成蜂窝或孔洞，混凝土截面尺寸超过允许偏差值	根据柱子的混凝土重量、截面尺寸、侧压力大小，合理选择柱箍的用料。柱箍的间距根据柱子断面的大小及高度，每隔 600～1000mm 加设一道牢固的柱箍，柱箍应卡紧模板，防止爆模
梁柱模板不顺直	(1) 模板加固前未拉通线进行检查校正 (2) 钢筋骨架走位未校正影响 (3) 模板及木枋的质量不符合要求	(1) 保证模板及木枋的材质，对腐烂、变形的材料不得用于工程中 (2) 模板安装之前应根据梁柱的轴线及四周边线检查钢筋骨架的绑扎质量，如果存在走位及变形情况，则应将其整改合格后再安装模板 (3) 模板安装过程中应拉线、吊线进行检查，安装完后加固之前，应拉通线进行检查处理至合格后再行加固

质量通病现象	原 因 分 析	防 治 措 施
用胶合板作大模板框架的面板，变形大、精度低	用胶合板作大模板框架的面板，变形大、精度低，要求较高的混凝土表面几何尺寸差、拼缝高低不平，用以制模浇捣出的混凝土质量不高	用胶合板作面板的大模板，其框架（竖肋和边框）应用槽钢、型钢或角铁制作，加工制作过程应按以下顺序认真操作： （1）放样　用厚度不小于 16mm 的钢板搭设模板加工焊接平台，按大模板的实样 1：1 画在平台上，再根据放线尺寸下料 （2）调直　所有型钢先进行冷作调直 （3）下料　型钢（竖肋和边框）下料均采用剪板机，长度误差不大于 1mm （4）冲孔　模板边框上相互拼装用的连接孔，应用冲床冲出，孔位误差为 ±0.2mm，为了保持孔位准确，要求型钢在靠模（工具夹）上进行冲孔，靠模在相应的位置也有孔，这样做能确保正在制作的模板边框上的孔可与靠模上的孔用插销固定，然后按此靠模上孔的位置再冲其他模板边框上的孔 （5）再调直　在焊接钢平台上用冷作法进行局部调整校直 （6）焊接平台靠模　为了减少焊接变形，应在焊接平台上按放样线放出大模板边框架的外包线、内净尺寸线和全部竖肋的两侧位置线，这些线作为制作靠模（焊接大模板

质量通病现象	原 因 分 析	防 治 措 施
用胶合板作大模板框架的面板，变形大、精度低	用胶合板作大模板框架的面板，变形大、精度低，要求较高的混凝土表面几何尺寸差，拼缝高低不平，用以制模浇捣出的混凝土质量不高	框架的工具夹）的控制线，将工（夹）具零件分别固定在控制线的两侧。距四侧转角 150～200mm 处，各边固定一对模具。在竖肋的焊接处，外侧固定一只模具，其他无焊接处的模具每隔 800mm 固定一对模具，模具可用 L75×8 角钢制作，长度为 80mm 左右 （7）焊接 将大模板的边框和竖肋分别放入靠模内，如果个别型钢的截面有误差，应用薄铁片将框架垫平。然后，先用点焊的方法将大模板框架焊在一起，再由 4 人（至少 2 人）同时进行对称焊接
带形基础模板沿基础通长方向，模板上口不直，宽度不准	带形基础模板安装时不注意控制尺寸偏差，造成沿基础通长方向，模板上口不直，宽度不准；下口陷入混凝土内；侧面混凝土麻面、露石子；拆模时上段混凝土缺损，底部上模不牢，如图1-3 所示 原因分析如下： 模板安装时，挂线垂直度有偏差，模板上口不在同一直线上	模板应有足够的强度和刚度，支模时，垂直度要找准确 钢模板上口应用 φ8mm 圆钢套入模板顶端小孔内，中距 50～80cm（图 1-4）。木模板上口应钉木带。以控制带形基础上口宽度，并通长拉线，保证上口平直 上段模板应支承在预先横插圆钢或预制混凝土垫块上；木模板也可用临时木撑，以使侧模支承牢靠，并保持高度一致 发现混凝土由上段模板下翻上来，应在混凝土初凝时轻轻铲平至模板下口，使模板下口不至于卡牢 混凝土呈塑性状态时切忌用铁锹在模板外侧用力拍打，以免造成上段混凝土下滑，形成根部缺损

质量通病现象	原 因 分 析	防 治 措 施
带形基础模板沿基础通长方向,模板上口不直,宽度不准	钢模板上口未用圆钢穿入洞口扣住,仅用钢丝对拉,有松有紧,或木模板上口未钉木带,浇筑混凝土时,其侧压力使模板下端向外推移,以致模板上口受到向内推移的力而内倾,使上口宽度大小不一模板未撑牢,在自重作用下模板下垂。浇筑混凝土时,部分混凝土由模板下口翻上来,未在初凝时铲平,造成侧模下部陷入混凝土内模板平整度偏差过大,残渣未清除干净;拼缝缝隙过大,侧模支撑不牢 木模板临时支撑直接撑在土坑边,以致接触处土体松动掉落	组装前应将模板上残渣剔除干净,模板拼缝应符合规范规定,侧模应支撑牢靠 支撑直接撑在土坑边时,下面应垫以木板,以扩大其接触面。木模板长向接头处应加拼条,使板面平整,连接牢固
脱模剂选用不当	目前脱模剂的种类很多,有些水质类脱模剂附着力差,极容易被雨水冲掉,有些油质类脱模剂会对混凝土结构和装饰施工质量带来影响,因此,若脱模剂选用不当,不仅会影响脱模效果,还会影响施工质量。例如,选用废机油等会污染混凝土和钢筋,会导致混凝土外观视觉效果差,与此同时油质类脱模剂会吸附在混凝土结构表面,将对后阶段粉刷层和混凝土结构起着隔离作用,致使粉刷层粘接不牢,引起粉刷层起壳、空鼓等现象;又比如在冬、雨季选用了肥皂、洗衣粉等水质类脱模剂时,涂刷后易结冰或被雨水冲掉,达不到与预期的脱模效果	模板与混凝土接触面需要涂刷脱模剂时,应选用方便脱模又不影响后期混凝土结构装饰的脱模剂。根据不同环境和结构特点,选用合格的脱模剂,常用模板脱模剂配合比、配制方和使用方法、优缺点及使用范围参见表1-4

続表

质量通病现象	原 因 分 析	防 治 措 施
采用易变形的木材制作模板，模板拼缝不严	采用易变形木材制作的模板，因其材质软吸水率高，混凝土浇捣后模板变形较大，混凝土容易产生裂缝，表面毛糙。模板与支撑面结合不严或者模板拼缝处没刨光的，拼缝处易漏浆，混凝土容易产生蜂窝、裂缝或"砂线"	采用木材制作模板，应选用质地坚硬的木料，不宜使用黄花松木或其他易变形的木材制作模板。模板拼缝应刨光拼严，模板与支撑面应贴紧，缝隙处可用薄海绵封贴或批嵌纸筋灰等嵌缝材料，使其不漏浆
脱模剂使用不当	模板表面用废机油涂刷造成混凝土污染，或混凝土残浆不清除即刷脱模剂，造成混凝土表面出现麻面等缺陷 原因分析如下： (1) 拆模后不清理混凝土残浆即刷脱模剂 (2) 脱模剂涂刷不匀或漏涂，或涂层过厚 (3) 使用了废机油脱模剂，既污染了钢筋及混凝土，又影响了混凝土表面装饰质量	(1) 拆模后，必须清除模板上遗留的混凝土残浆后，再刷脱模剂 (2) 严禁用废机油作脱模剂，脱模剂材料选用原则应为：既便于脱模又便于混凝土表面装饰。选用的材料有皂液、滑石粉、石灰水及其混合液和各种专门化学制品脱模剂等 (3) 脱模剂材料宜拌成稠状，应涂刷均匀，不得流淌，一般刷两度为宜，以防漏刷，也不宜涂刷过厚 (4) 脱模剂涂刷后，应在短期内及时浇筑混凝土，以防隔离层遭受破坏
模板未清理干净	模板内残留木块、浮浆残渣、碎石等建筑垃圾，拆模后发现混凝土中有缝隙，且有垃圾夹杂物 原因分析如下：	(1) 钢筋绑扎完毕，用压缩空气或压力水清除模板内垃圾 (2) 在封模前，派专人将模内垃圾清除干净

质量通病现象	原　因　分　析	防　治　措　施
模板未清理干净	(1) 钢筋绑扎完毕，模板位置未用压缩空气或压力水清扫 (2) 封模前未进行清扫 (3) 墙柱根部、梁柱接头最低处未留清扫孔，或所留位置不当无法进行清扫	(3) 墙柱根部、梁柱接头处预留清扫孔，预留孔尺寸≥100mm×100mm，模内垃圾清除完毕后及时将清扫口处封严
梁、柱、板节点处阴角用小木板散拼，固定不牢	梁、柱、板节点处是结构比较复杂部位，尤其是用组合钢模支模时，无现成规格定型钢模可利用拼装，这时通常可利用小木板按现场实际位置用钉子拼嵌完成，难度高，操作困难，拼缝不严密，固定不牢，浇筑混凝土后，小木板或嵌入混凝土内无法拆除，混凝土截面尺寸减小，或爆模混凝土外凸，使阴角内高低不平，头角不方正，会严重影响混凝土的质量	使用组合钢模支设柱、梁、板模板时，若作模板设计时，应考虑对柱、梁、板节点部位加工定型的节点阴角小钢模。此阴角小钢模须包柱、梁、板三面，采用组合钢模通用卡件，以便于与柱、梁、板相接处模板连接合理、牢固。由于采用了节点定型钢模，装拆方便，固定牢固，确保了混凝土外形尺寸正确、方正
现浇混凝土墙体拆模后墙面凹凸不平	现浇混凝土墙体拆模后墙面凹凸不平，有的局部凹瘪，有的成连续波浪形，也有的局部鼓包（用2m靠尺检查凹凸超过±4mm） 原因分析如下： (1) 模板刚度不够。大模背面的槽钢（龙骨）间距过大或所用面板钢板太薄（小于4mm）	(1) 加强模板的维修，每个工程完工后，应对模板检修一次，板面有缺陷时，应随时进行修理，严重的应更换板面钢板 (2) 刚度不足的模板，可加密背面钢龙骨（8号槽钢），即在原来两根之间再加1根，或在原来两根水平槽钢之间加一道垂直方向的短龙骨

质量通病现象	原 因 分 析	防 治 措 施
现浇混凝土墙体拆模后墙面凹凸不平	（2）穿墙管长短不一，误差过大，穿墙螺栓拧得过紧，使其附近钢板局部变形 （3）振动器过度猛振大模板面，板面局部损伤 （4）安装及拆模过程中用大锤或撬棍猛击模板板面，使板面造成严重缺陷	（3）不得用振动器猛振大模板或用大锤、撬棍击打钢模 （4）穿墙螺栓部位的钢板宜适当加固。加固方法可采用贴上一块小的方形厚钢板（贴在板面的反面）或在孔口两侧加焊型钢
封闭或竖向模板无排气孔、浇捣孔	由于封闭或竖向的模板无排气孔，混凝土表面易出现气孔等缺陷，高柱、高墙模板未留浇捣孔，易出现混凝土浇捣不实或空洞现象 原因分析如下： （1）墙体内大型预留洞口底模未设排气孔，易使混凝土对称下料时产生气囊，导致混凝土不实 （2）高柱、高墙侧模无浇捣孔，造成混凝土浇灌自由落距过大，易离析或振动棒不能插到位，造成振捣不实	（1）墙体的大型预留洞口（门窗洞等）底模应开设排气孔，使混凝土浇筑时气泡及时排出，确保混凝土浇筑密实 （2）高柱、高墙（超过 3m）侧模要开设浇捣孔，以便于混凝土浇灌和振捣
脚手板搁置在模板上或模板支撑在脚手架上	脚手板搁置在模板上，增加了部分荷载，模板和支架不能承受附加荷载而变形、下沉。模板和支架的刚度、允许变形值的要求高，而脚手架的刚度比模板和支架的刚度低，如果模板支撑在脚手架上，施工中脚手架会有轻微的颤动，从而影响模板的稳定，导致模板变形、混凝土裂缝	（1）模板和支架在设计、施工中应自成体系，模板支架的立柱或桁架应保持稳定，并用撑拉杆固定，不应将脚手板搁置在模板上。不应将模板支撑在脚手架上。较复杂的模板和支架应经结构计算，进行模板设计

质量通病现象	原 因 分 析	防 治 措 施
脚手板搁置在模板上或模板支撑在脚手架上	脚手板搁置在模板上,增加了部分荷载,模板和支架不能承受附加荷载而变形、下沉。模板和支架的刚度、允许变形值的要求高,而脚手架的刚度比模板和支架的刚度低,如果模板支撑在脚手架上,施工中脚手架会有轻微的颤动,从而影响模板的稳定,导致模板变形、混凝土裂缝	(2) 在模板和支架的结构设计中,按规范规定验算刚度时,最大变形值不得超过下列允许值: 1) 对结构表面外露的模板,为模板构件计算跨度的 1/400 2) 对结构表面隐蔽的模板,为模板构件计算跨度的 1/2500 3) 支架的压缩变形值或弹性挠度,为相应结构计算跨度的 1/1000
圈梁及构造柱模板组装时没有与墙面支撑平直	当模板的卡具没卡紧时,浇捣混凝土产生的侧压力,会将局部模板向外推移,造成胀模,混凝土变形突出墙面。圈梁混凝土内外侧不平,上口弯曲歪斜,不成一直线,砌上层墙时局部挑空。由于胀模导致混凝土漏浆,水泥砂浆流挂在墙面上,污染了墙面,给下道工序增加麻烦	(1) 圈梁或构造柱的模板固定通常采用在墙内留穿墙扁担木或卡具的施工方法,圈梁扁担木留在梁下二皮砖统一标高上,支侧模时应拉通长直线,保持模板上口平直,上口宽度应有临时撑头控制,上口斜撑与穿墙扁担木、上口横档钉牢,圈梁上口标高用竖棒按标高控制线测定,使其在同一水平线上。构造柱的模板卡具留洞在墙体大马牙槎两侧对称留置 (2) 圈梁或构造柱模板应与墙面贴紧,卡具夹紧,使用的木制卡具或钢管卡具等应及时检查,发现有损坏的应修整或更换

27

质量通病现象	原 因 分 析	防 治 措 施
钢管脚手架模板排架立杆间距不一致，纵横不整齐，且无稳定措施	钢管脚手架横板排架结构未经设计计算，会导致立杆间距大小不一，造成模板受力不均，变形不一，局部超过规范允许变形值或造成单根立杆受荷过大而失稳，立杆纵横排列不整齐或立杆垂直度差，呈现倾斜，势必导致水平拉杆无法拉通，排架整体稳定无法确保，造成混凝土浇捣过程中排架会发生向一边倾倒或变形失稳	钢管脚手架搭设的横板排架应该经设计计算，确定立杆间距，同时还需规定排架整体稳定的构造措施，比如设置纵横向水平拉杆、剪刀撑等 （1）为保证横板排架立杆间距一致，纵横整齐，钢管脚手架立杆搭设前，应在基层上按设计要求统一弹线，划出立杆纵横位置后再搭设立杆，与此同时在搭设过程中及时吊垂线，纠正垂直度偏差 （2）搭设立杆过程中，及时用纵横水平连杆加以固定。通常排架立杆离地 200mm 范围内需加设扫地杆，以上每隔 1.5m 设置纵横水平连杆，并设剪刀撑来加强排架的整体稳定性。剪刀撑间距不宜大于 6m 并与地面成 60°，双向设置，且剪刀撑杆件连接应该用直角扣件，不宜采用对接扣件 （3）所有钢管脚手架间连接扣件应当扣紧，并用测力扳手现场抽查实测，要求达到 40～70N·m，过小则连接扣件易滑移，过大则会导致铸铁扣件断裂 （4）多层支架或分层施工的支架立杆应该对准下层支架的立杆，下层楼板应具有承受上层荷载的承载能力或加设支架支撑。下层支架的立柱应铺设垫板

质量通病现象	原 因 分 析	防 治 措 施
柱子支模不找方，成排柱子模板不跟线	由于柱子支模不找方，成排柱子模板不跟线，混凝土浇捣后拆除模板，就会出现混凝土柱子的实测数据超过允许偏差值，影响到混凝土分项工程质量评定以及给下道工序的安装、装饰工程造成隐患或难以弥补的损失	（1）模板使用前应清理干净，不平整或歪扭的模板应整修好以后再用 （2）安装柱模板之前，应检查校正竖向钢筋位置不使其偏位 （3）成排柱子模板安装前，应先在底部楼（地）面上弹出通面的外包框与柱模板相连，将柱子找方找中 （4）柱子模板位置经校验复核无误后，在两端柱子模板顶部拉通线，校正垂直度并使其顶跟上通线 （5）柱子的位置、标高、垂直度等复核无误后及时设置支撑固定，柱间的剪刀撑、水平撑或斜撑应搭设牢固
较高的柱模板不留门子板或不留临时的混凝土浇捣孔	图省事，拼装模板时不留门子板或临时的混凝土浇捣孔，造成浇捣混凝土时插入式振捣棒伸不到柱模板底部，振不到底部混凝土，混凝土容易产生蜂窝孔洞，同时也会产生由柱顶部下料的混凝土倾落自由高度超过2m，混凝土离析的现象	较高的柱子模板应在拼模时预留混凝土浇捣孔或在柱模板中部一侧留门子板，混凝土浇到后应及时封闭牢固
模板接缝不严，有间隙	由于模板间接缝不严有间隙，混凝土浇筑时产生漏浆，混凝土表面出现蜂窝，严重的出现孔洞、露筋	（1）翻样要认真，严格按1/10～1/50比例将各分部分项细部翻成详图，详细编注，经复核无误后认真向操作工人交底，强化工人质量意识，认真制作定型模板和拼装

质量通病现象	原 因 分 析	防 治 措 施
模板接缝不严，有间隙	原因分析如下： （1）翻样不认真或有误，模板制作马虎，拼装时接缝过大 （2）木模板安装周期过长，因木模干缩造成裂缝 （3）木模板制作粗糙，拼缝不严 （4）浇筑混凝土时，木模板未提前浇水湿润，使其胀开 （5）钢模板变形未及时修整 （6）钢模板接缝措施不当 （7）梁、柱交接部位，接头尺寸不准，错位	（2）严格控制木模板含水率，制作时拼缝要严密 （3）木模板安装周期不宜过长，浇筑混凝土时，木模板要提前浇水湿润，使其胀开密缝 （4）钢模板变形，特别是边框外变形，要及时修整平直 （5）钢模板间嵌缝措施要控制，不能用油毡、塑料布、水泥袋等去嵌缝堵漏 （6）梁、柱交接部位支撑要牢靠，拼缝要严密（必要时缝间加双面胶纸），发生错位要校正好
梁底挠曲变形	（1）梁底模支撑间距过大，模板刚度过小，支撑不牢 （2）支撑底部未设垫块或支撑地基未夯实，地耐力不足，地基变形下沉 （3）当梁跨度大于 4.0m 时未起拱 （4）拆模过早	（1）一般普通的梁板模板按照经验进行配置，梁底模下必须设置通长的木枋进行支撑。但对于深梁、大梁必须编制详细的施工方案，验算模板的刚度、强度及稳定性 （2）对于梁板模板支撑间距过大的情况，必须加密补强后验收合格才允许浇筑混凝土 （3）首层顶板的梁板的支撑必须设置垫块，地面的回填土必须夯实，且有排水措施，雨天施工前后应加强对支撑的检查处理

质量通病现象	原 因 分 析	防 治 措 施
梁底挠曲变形	（1）梁底模支撑间距过大，模板刚度过小，支撑不牢 （2）支撑底部未设垫块或支撑地基未夯实，地耐力不足，地基变形下沉 （3）当梁跨度大于4.0m时未起拱 （4）拆模过早	（4）支撑如果为木顶撑，纵横向支撑之间应设拉杆或拉条板互相拉结，拉杆或拉条板离楼地面50cm一道，以上1.5～2.0m设置一道 （5）支撑高度如果超过4.5m应搭设满堂脚手架进行支撑 （6）支撑如果为工具式支撑，则应设置水平拉杆与斜拉杆，保证支撑柱之间互相拉撑成一整体 （7）当梁的跨度大于4.0m时，应按照施工规范的要求起拱 （8）拆模应按照规定的强度要求经过申请批准后方能拆除 （9）混凝土浇筑施工过程中应加强对模板及其支撑的值班检查，随时处理施工中存在的问题
梁的侧模板和底模板支撑不牢靠	梁模板支撑不牢靠、有松动，如果浇捣混凝土会造成爆模甚至整体倾覆，主要原因如下： （1）只凭经验配制安装的模板和支架，无法满足施工要求。梁的自重和施工荷载超过了模板和支架所能承担的荷载；梁的高度尺寸大，侧模刚度差，浇捣混凝土时容易爆模	（1）梁侧模板、底模板和支架应按模板结构设计进行配料和安装，梁底应按规定起拱，按模板侧压力计算要求加设的对拉螺栓、支柱、横挡和夹条木的数量 （2）梁侧模上口的横挡应用斜撑双面支撑在支柱顶部，梁侧模下口必须有夹条木紧钉在支柱上，避免混凝土浇捣时梁侧模的上、下口爆模，确保梁的宽度

质量通病现象	原 因 分 析	防 治 措 施
梁的侧模板和底模板支撑不牢靠	（2）侧模缺少或没有对拉螺栓，或仅用铁丝对拉，上口又没有钉木条，在浇捣混凝土时模板受侧压力向外移，使梁的宽窄不一致 （3）由于斜撑的支架角度大于60°或支撑间距过大，在混凝土浇捣时会产生局部偏位	（3）支架的间距也应经过计算确定，支架应支撑在坚硬的地面上，斜撑角度一般不大于60°，并应固定牢固 梁模的支撑形式如图1-5所示
梁下口炸模、中部鼓胀、上口偏斜	（1）梁两侧侧模下口外侧的支撑木板或木枋未钉牢，导致底口炸模 （2）当梁的高度超过600mm时未设对拉螺杆，或设置过少，模板的刚度不足，受力变形鼓胀 （3）梁侧模上口横档未拉通线，斜撑不足或斜撑的角度过大支撑不牢而造成局部歪斜 （4）混凝土浇筑施工过程中对模板直接振捣造成模板的损坏及下料对模板的冲击破坏等	（1）支模时应遵守边模包底模的原则，侧模底部设置通长的夹木条，施工必须保证夹木条的质量，且将其与支撑木枋连续钉设牢固 （2）梁侧模的拼接接头应互相错开，且拼接处横档应保证有足够的搭接长度，且在拼接处设加强斜撑 （3）普通梁可以按照经验进行配置，对于高度大于600mm的深梁、大梁应进行模板设计。当梁高度大于600mm时应自梁底以上每高300～400mm设置一道对拉螺杆 （4）混凝土浇筑施工过程中，应避免下料高度过大对模板造成的冲击破坏，混凝土振捣操作过程中应避免对模板的直接振捣冲击

质量通病现象	原 因 分 析	防 治 措 施
雨篷根部漏浆、露石子，混凝土结构变形	（1）雨篷根部底板模立不当，浇筑混凝土时漏浆 （2）雨篷根部胶合板模板下未设托木，浇筑混凝土时根部模板变形 （3）悬挑雨篷根部混凝土比前端厚，模板施工时，未重视模板支撑，未采取相应措施	（1）认真识图，进行模板翻样，重视悬挑雨篷的模板及其支撑，保证有足够的承载能力、刚度和稳定性 （2）雨篷底模板根部应覆盖在梁侧模板上口，其下用 $50mm \times 100mm$ 的木方顶牢，浇筑混凝土时，不应在根部位置直接振捣 （3）悬挑雨篷板施工时，为了抵消浇筑混凝土时产生的下挠变形，应根据悬挑跨度将底模向上反翘 $2 \sim 5mm$ （4）浇筑悬挑雨篷混凝土时，应在现场同条件养护、制作试件，当试件强度达到设计强度的 100% 以上时，才能将雨篷模板拆除
现浇内墙高于外墙板	外板内模工程中，现浇内墙往往高于外墙板，使用建筑层高及总高度增加，有时造成外墙板水平缝过大 原因分析如下： （1）楼板安装不平。由于大模板底部抹找平层砂浆时只能随高不随低，或找平层砂浆过厚，致使大模板抬高，形成内墙偏高 （2）外墙板安装标高控制不严，有时坐浆厚度不够，造成外墙偏低 （3）预制楼板厚度不一，安装时楼板标高控制不严，个别楼板超厚	（1）大模板的设计高度以比楼层净高小 $2cm$ 为宜 （2）楼板安装必须平整（尤其是第一层），高低差不能过大，应控制超厚楼板的使用 （3）严格控制外墙板的坐浆厚度及水平缝的大小

33

质量通病现象	原 因 分 析	防 治 措 施
外墙上下层接槎不平、漏浆	全现浇浇上下层墙的外墙面不在同一平面上，严重出现错台，接槎部位有水泥砂浆流出 原因分析如下： (1) 模板支搭不合要求，或支搭后碰撞发生位移 (2) 支承模板的三角挂架平台刚度或稳定性不好，使模板在振捣混凝土时发生位移 (3) 模板下部与外墙密封不严，造成漏浆	(1) 必须保证模板安装的垂直度，安装好后不得碰撞模板 (2) 三角挂架必须有足够的刚度，必须有防止模板受振发生位移的可靠措施。内外模板必须连接牢固，每块模板用两道钢丝绳、捯链与内横墙拉结牢固，以防模板受振动时位移 (3) 改进模板设计。在模板的上下两端固定一道木板或橡胶板及橡皮条。浇完混凝土后，每层墙面出现一道凹槽腰线。支上层模板时上层木板（或橡胶板）紧贴于凹槽内，可防止出现错台漏浆，即使出现不平或错台，也便于进行修补 (4) 在混凝土墙上预埋 $\phi16$ 螺栓，先套入限位槽钢，严格按水平标高控制线调平紧固，使支承槽钢有足够的承载力，再将大模板落入紧固限位槽钢上，调整紧固限位螺栓，使墙模完全紧贴在已浇混凝土的墙面上。为了更有效地防止混凝土漏浆，使外墙混凝土达到过渡平滑并保持下层混凝土墙清洁

质量通病现象	原 因 分 析	防 治 措 施
楼梯侧帮漏浆、麻面、底部不平	（1）楼梯底模采用钢模板，遇有不能满足模数配齐时，以木模板相拼，楼梯侧帮模也用木模板制作，易形成拼缝不严密，造成跑浆 （2）底板平整度偏差过大，支撑不牢靠	（1）侧帮在梯段可用钢模板以2mm厚薄钢模板和8号槽钢点焊连接成型，每步两块侧帮必须对称使用，侧帮与楼梯立帮用U形卡连接（图1-6） （2）底模应平整，拼缝要严密，符合施工规范，若支撑杆细长比过大，应加剪刀撑撑牢
柱、墙实际位置与建筑物轴线位置有偏移	（1）翻样不认真或技术交底不清，模板拼装时组合件未能按规定到位 （2）轴线测放产生误差 （3）墙、柱模板根部和顶部无限位措施或限位不牢，发生偏位后又未及时纠正，造成累积误差 （4）支模时，未拉水平、竖向通线，且无竖向垂直度控制措施 （5）模板刚度差，未设水平拉杆或水平拉杆间距过大 （6）混凝土浇筑时未均匀对称下料，或一次浇筑高度过高造成侧压力过大挤偏模板 （7）对拉螺栓、顶撑、木楔使用不当或松动造成轴线偏位	（1）严格按1/10～1/50的比例将各分部、分项翻成详图并注明各部位编号、轴线位置、几何尺寸、剖面形状、预留孔洞、预埋件等，经复核无误后认真对生产班组及操作工人进行技术交底，作为模板制作、安装的依据 （2）模板轴线测放后，组织专人进行技术复核验收，确认无误后才能支模 （3）墙、柱模板根部和顶部必须设可靠的限位措施，如采用现浇楼板混凝土上预埋短钢筋固定钢支撑，以保证底部位置准确 （4）支模时要拉水平、竖向通线，并设竖向垂直度控制线，以保证模板水平、竖向位置准确 （5）根据混凝土结构特点，对模板进行专门设计，以保证模板及其支架具有足够强度、刚度及稳定性 （6）混凝土浇筑前，对模板轴线、支架、顶撑、螺栓进行认真检查、复核，发现问题及时进行处理 （7）混凝土浇筑时，要均匀对称下料，浇筑高度应严格控制在施工规范允许的范围内

质量通病现象	原 因 分 析	防 治 措 施
板模板缺陷	板模板缺陷主要有：板中部下挠；板底混凝土面不平；采用木模时梁边模板嵌入梁内不易拆除原因分析如下： （1）板搁栅用料较小，造成挠度过大 （2）板下支撑底部不牢，混凝土浇筑过程中荷载不断增加，支撑下沉，板下挠 （3）板底模板不平，混凝土接触面平整度超过允许偏差 （4）将板模板铺钉在梁侧模上面，甚至略伸入梁模内，浇筑混凝土后，板模板吸水膨胀，梁模也略有外胀，造成边缘一块模板嵌牢在混凝土内（图1-7a）	（1）楼板模板下支承料或桁架支架应有足够强度和刚度，支承面要平整 （2）支撑材料应有足够强度，前后左右相互搭牢；支撑如撑在软土地上，必须将地面预先夯实，并铺设通长垫木，必要时垫木下再加垫横板，以增加支撑在地面上的接触面，保证在混凝土重量作用下不发生下沉（要采取措施消除泥地受潮后可能发生的下沉） （3）木模板模与梁连接处，板模应拼铺到梁侧模外口齐平，避免模板嵌入梁混凝土内，以便于拆除（图1-7b） （4）板模应按规定起拱
异形柱在阴角处常出现胀模、烂根、漏浆等现象	（1）异形柱阴角处无法设置柱箍，阴角处木模固定完全靠销栓或对拉螺栓，由于销栓和螺栓数量配备不足，在混凝土振捣时产生胀模现象 （2）楼面平整度差。立模前未用水泥砂浆找平或封堵，封模后用木片、水泥袋纸等塞缝，浇筑混凝土时水泥浆外溢，拆模后有纸片、木片等嵌入混凝土内	（1）应剔除弯曲变形刚度不足的模板，阴角处模板设销栓固定，模板阴角处加设竖向压杠，采用对拉螺栓固定钢管围檩，对拉螺栓要靠近阴角处 （2）立模前对楼面找平，或用砂浆封堵柱截面限位处

质量通病现象	原 因 分 析	防 治 措 施
异形柱在阴角处常出现胀模、烂根、漏浆等现象	（3）模板拼缝不严，阴角处的模板刚度不足，振捣棒插入混凝土内过深，振捣时间过久，使模板底部承受的侧压力过大而漏浆，出现蜂窝、麻面或露筋 （4）柱模板未浇水湿润，柱混凝土浇筑前未铺一层水泥砂浆	（3）检查模板拼缝严密情况，并在立模前验收。混凝土应分层浇捣，每层混凝土为 500mm 左右，振捣棒插入下层混凝土内不大于 200mm，延续振捣时间为 30s 左右，不得过振 （4）柱模板要浇水充分湿润，柱混凝土浇筑前先铺一层与所浇混凝土成分相同的水泥砂浆
梁、板底模板未按规定起拱	按模板及支架的结构设计，模板及支架间距应当能保证在混凝土重量和施工荷载作用下不发生下挠变形，未按规定起拱的模板在荷载作用下当下挠变形大于规定的允许变形值时，对于梁、板底受拉区敏感的部位，很容易发生底板混凝土裂缝，观感检查发现梁、板底混凝土下挠	根据规范要求，对跨度不小于 4m 的梁、板，其模板施工起拱高度宜为梁、板跨度的 1/1000～3/1000。起拱不得减少构件的截面高度。模板安装应按使用情况决定具体起拱高度，使用钢模板可取 1/1000～2/1000，使用木模板可取 1.5/1000～3/1000。梁、板模板采用木模时应尽量不采用易变形的黄花松木等材料制作。木模板在使用前应用水浇湿润，模板厚度要一致，搁栅用料应有足够的强度和刚度，搁栅面要平整，梁、板支架应有足够强度，前后左右之间应连接牢固

质量通病现象	原 因 分 析	防 治 措 施
墙体垂直偏差大，超过规范要求	墙体垂直偏差大，超过规范要求。有的整个一道墙都很严重，有的只是一端倾斜严重。墙体垂直偏差过大将影响楼板搁置长度，也易造成墙体局部支承压力增大 原因分析如下： （1）支模时未用线坠靠吊，或拧紧穿墙螺栓后未进行复查 （2）大模板地脚螺栓固定不牢，模板受物体猛烈冲撞后（如外墙板的碰撞等）发生倾斜变形，事后又未进行纠正 （3）大模板本身变形，扭曲严重 （4）模板支搭不牢，地脚螺栓未拧紧；振捣混凝土时过猛，使模板发生变位	（1）支模过程中要反复用线坠靠吊。先安装正面大模，通过地脚螺栓调整，用线坠靠吊垂直后再安装反面大模，然后在反面模板外侧再用线坠校核，最后用穿墙螺栓固定正、反大模，并随着用线坠校核其垂直度，并注意检查地脚螺栓是否拧紧 （2）支模完毕经校正后如遇有较大冲撞，应重新用线坠复核校正 （3）日久失修变形严重的大模板不得继续使用，应由工厂进行修理
钢模底盘整体扭翘	（1）底盘结构未经力学计算，刚度较小 （2）起吊时四个吊钩钢丝绳长短不一或码放垛底楞不平 （3）多次重复施加预应力，此力对底盘是偏心荷载，引起较大变形，放张后外力消除，留下剩余变形。下次施加预应力后，偏心值增大，变形也增大，重复次数越多，剩余变形越大，导致不能使用	（1）设计时应从各种不利的受力状态作结构的强度、刚度（变形）和局部稳定性计算。特别是应控制刚度，对承受预应力的钢模板更要注意 （2）注意细部构造，运用钢结构理论进行细部设计。如图 1-8 (b) 所示，用加劲肋加强上翼缘，使承受张拉力后不变形。图 1-8（c）所示为改槽形截面为箱形截面

质量通病现象	原 因 分 析	防 治 措 施
钢模底盘整体扭翘	（4）内胎面用钢面板过薄，区格划分过大，随使用次数增多而凹凸不平 （5）清模时锤击硬伤，隔离剂不良，混凝土粘结锤击硬伤 （6）起吊、运输、码放过程中撞击，造成硬伤 （7）焊接不良，焊缝不够，焊后内应力过大导致变形 （8）局部受力区零件构造处理不当，如模外张拉的预应力圆孔梳筋条焊在槽钢上，受力后引起槽钢翼缘变形，如图1-8（a）所示	（3）底盘结构设计要考虑变形要求，布置合理，省工省料。不仅要计算变形，而且要考虑三点支承后第四个角的变形 （4）起吊时四个吊钩的钢丝绳要长短一致 （5）码放垛底楞应用水平仪找平，用材要耐撞击，如钢轨等 （6）内胎面钢面板板厚至少5mm以上，使用次数不多的钢模板可采用3～4mm厚。区格划分不大于1000mm×1000mm （7）焊接质量要可靠，施焊顺序要合理，尽量减少焊接变形和降低焊接内应力。即使用胎具卡具固定，也要考虑施焊顺序。焊缝尺寸应符合设计要求，不得少焊 （8）变形超过规定，要及时用专门工具调平
柱、墙、梁等混凝土表面出现凹凸和鼓胀，偏差超过允许值	（1）模板支架支承在松软地基上，不牢固或刚度不够，混凝土浇筑后局部产生较大的侧向变形，造成凹凸或鼓胀 （2）模板支撑不够或穿墙螺栓未锁紧，致使结构膨胀	（1）模板支架及墙模板斜撑必须安装在坚实的地基上，并应有足够的支承面积，以保证结构不发生下沉。如为湿陷性黄土地基，应有防水措施，防止浸水面造成模板下沉变形 （2）柱模板应设置足够数量的柱箍，底部混凝土水平侧压力较大，柱箍还应适当加密

质量通病现象	原 因 分 析	防 治 措 施
柱、墙、梁等混凝土表面出现凹凸和鼓胀，偏差超过允许值	（3）混凝土浇筑未按操作规程分层进行，一次下料过多或用料斗直接往模板内倾倒混凝土，或振捣混凝土时长时间振动钢筋、模板，造成跑模或较大变形 （4）组合柱浇筑混凝土时利用半砖外墙作模板，由于该处砖墙较薄，侧向刚度差，使组合柱容易发生鼓胀，同时影响外墙平整	（3）混凝土浇筑前仔细检查模板尺寸和位置是否正确，支撑是否牢固，穿墙螺栓是否锁紧，发现松动，应及时处理 （4）墙浇筑混凝土应分层进行，第一层混凝土浇筑厚度为50cm，然后均匀振捣；上部墙体混凝土分层浇筑，每层厚度不得大于1.0m，防止混凝土一次下料过多 （5）为防止构造柱浇筑混凝土时发生鼓胀，应在外墙每隔1m左右设两根拉条，与构造柱模板或内墙拉结
桩身不直，接桩处有偏差	（1）场地未平整夯实，使接触地面的桩身不平直 （2）弹线有偏差 （3）桩模的支撑强度与刚度不足 （4）桩尖模板振捣时移位。桩头模板不垂直于桩身 （5）上下桩的连接处，下节桩预留孔洞位置不准，深度不够；上节桩预留钢筋未设定位套板，混凝土振捣时位置移动 （6）桩上未刷隔离剂，或隔离剂已被雨水冲掉	（1）制桩场地应平整夯实，排水通畅，铺7cm道渣压平粉光。再用M5水泥砂浆抹平压光（图1-9） （2）采用间隔支模施工方法，地面上弹准桩身宽度线（间隔宽度应加纸筋灰作隔离剂的厚度）模板与模挡应有足够的刚度。桩头端面要用角尺兜方 （3）桩尖端应用专用钢帽套上（图1-10） （4）上下节桩端部均应做相匹配的专用模板，以保证接桩位置准确，并与桩侧模板连接好。为使接桩准确，在浇筑桩身混凝土时，可在钢管内预先放置4ϕ50圆钢，在初凝前应经常转动圆钢，初凝后拔出成孔（图1-11） （5）采用间隔支模方法时，可采用纸筋石灰做隔离层，厚度约2mm

质量通病现象	原 因 分 析	防 治 措 施
竖向模板安装未检查垂直度	墙体、立柱等竖向构件模板安装完后，不经过垂直度校正，如果各层垂直度累积偏差过大将导致构筑物向一侧倾斜；如果各层垂直度累积偏差不大，但相互间相对偏差较大，也将导致混凝土实测质量不合格，给面层装饰找平带来困难和隐患	（1）竖向构件每层施工模板安装好后，均须在立面内外侧用线坠吊测垂直度，并校正模板垂直度，垂直度的偏差应在允许偏差范围内 （2）在每施工一定层次后须从顶到底统一吊垂直线检查垂直度，从而控制整体垂直度在允许偏差范围内，如果发现墙体有向一侧倾斜的趋势，应立即纠正 （3）对每层模板垂直度校正后须及时加支撑固定，以防止在浇捣混凝土过程中模板受力后再次偏位
大角不垂直，不方正	全现浇工程大角竖向呈折线，或明显倾斜，大于规定，不方正，甚至变成小圆角 原因分析如下： （1）模板不合要求，端面不方正，相邻两块模块无法呈90°夹角 （2）模板安装不严密，未注意靠吊垂直度和方正度，或在安装后受碰撞发生错位 （3）模板使用维修不当，固定连接件内灌入混凝土浆，不易搬动，有时敷衍了事，不加处理	（1）大模板的小面（两端侧面）必须平直，与模板大面呈90°夹角，并注意检查大模板的加工质量 （2）安装模板时注意靠吊垂直度和方正度，安装完模板后要防止碰撞 （3）加强对大模板端机的清理及模板连接固定的维修，使其易转动，操作者要认真将所有连接固定件全部固定 （4）改进模板设计。比较有效的做法是：在两块大模板之间放入一块角钢，如两块大模板之间不方正，则角钢无法放入，因此必须使大角模板呈90°，做到方正，此角钢还可防止混凝土漏浆 （5）每施工3～4层就用经纬仪（或吊15kg线坠）检查大角的垂直度，发现偏差要及时纠正

质量通病现象	原因分析	防治措施
墙、柱等竖向模板直接安装在下层已浇好混凝土的接槎处，且模板在接槎处未作处理	墙、柱等竖向模板直接安装在下层已浇好的混凝土接槎处，会导致模板不能紧贴混凝土接槎面而留有缝隙，浇捣混凝土时容易漏浆，引起接槎处墙面或柱面出现蜂窝麻面、高低不平、外墙、柱漏浆等现象，还将会污染下层混凝土墙面或柱面	（1）下层外墙或外柱浇捣混凝土时，墙顶或柱顶混凝土应该按标高找平，外凸的砂浆疙瘩应去除 （2）外墙、外柱的模板排列时，应预先考虑在外侧面的下层已浇混凝土结构的模板上留一条通长模板条不拆除，且其上口须高出下层混凝土结构接槎处 100～150mm，通过这条保留模板条与上层安装的模板连接牢固，这样处理后浇捣的混凝土墙、柱外侧表面平整、不漏浆，且接槎不明显。也可以在下层结构外侧面的模板拆除后，上层结构外侧模板安装时向下延伸与下层混凝土结构接槎处搭接 100～150mm，与此同时在搭接范围内接槎处上层模板与下层混凝土面间粘贴双面胶带，避免漏浆，搭接范围内模板须有对拉螺栓拉紧或外支撑撑牢，使之与已浇混凝土墙面或柱面密贴 （3）安装直接支撑在楼地面的墙、柱模板时，在模板下口处应先找平，或垫海棉条，以使模板与支承面之间密贴、无空隙，与此同时，还应在模底外侧用纸筋灰或砂浆嵌实，以防漏浆 （4）内墙、柱还可依据实际情况，按墙板宽度或柱截面先浇捣 100～150mm 高的混凝土导墙或方板，但立模板的下口地面应找平

质量通病现象	原 因 分 析	防 治 措 施
墙体出现裂缝	墙体裂缝一般在施工中大多出现于门（洞）口顶部及内外墙交接处；竣工后又多出现于顶层，沿外墙呈八字形。内墙面洞口处也常有开裂。裂缝宽度不一，最大的可超过 1mm 原因分析如下： （1）混凝土强度未达到 1.2MPa 时即过早拆模，以至墙体被拉裂 （2）模板在浇筑混凝土时被外溢的混凝土筑牢，不得不采取强力拆模措施（如摇晃钢模使其猛撞墙体）。结果造成墙体严重内伤，干缩后形成裂缝 （3）模板起吊时，吊钩未放在模板重心位置上，起吊后模板倾斜，碰撞混凝土墙体 （4）门（洞）口拆模用大锤猛击 （5）混凝土养护不及时，有时根本不养护，造成混凝土干缩裂缝 （6）温度变化引起收缩裂缝，特别是顶层朝南方向的内墙较为普遍 （7）原材料质量不好，砂石含泥量过大	（1）保证混凝土拆模强度不低于 1.2MPa （2）混凝土浇筑后应随即将模外和模底溢浆清除干净。拆模时可用撬棍将模板上下或左右轻缓撬动。不得采取摇晃大模板碰撞墙体的方法松动模板 （3）必须缓慢垂直起吊已拆除的大模板，吊钩应落在模板重心部位，不得碰撞墙体 （4）拆除门口、洞口模板时不得用锤猛击 （5）墙体脱模后，常温下要立即浇水养护。养护时间一般不少于 7d，保持混凝土经常处于湿润状态 （6）屋顶保温隔热层要在屋盖结构完工后及时施工 （7）控制砂石含泥量，含泥量超过规范允许值时，应处理后再用

质量通病现象	原 因 分 析	防 治 措 施
门（洞）口位移，口角处蜂窝、麻面、露筋	拆模后，预留门（洞）口扭曲、歪曲、不方正。门洞口预留位置不正。尤其是门（洞）口一侧常设有小断面柱子，容易出现严重蜂窝、麻面。后立口口的预埋木砖振捣混凝土时容易移位，甚至找不到 原因分析如下： （1）门口固定不牢，浇筑混凝土时位移变形 （2）门口两侧混凝土没有同时均匀浇筑，或两侧浇筑高度差太大，造成受力不均，将门口挤偏。第一步混凝土浇筑高度过高，也会造成门（洞）口下部变形过大 （3）门（洞）口尺寸与墙厚相同，钢模压口不严密，支撑不牢，容易发生位移和漏浆 （4）假口拆模时用大锤猛击，模板被砸坏，重复使用时容易造成漏浆 （5）门（洞）口边（尤其是小柱、门顶暗梁）钢筋较密，振捣不实，产生露筋、蜂窝或孔洞 （6）木砖固定不牢或受振捣过猛，发生位移或掉落	（1）采用先立口的工艺。在大模板上先画出门框位置，然后钻小孔，用钉子将门框牢牢固定在大模板上。门框两侧（或一侧）加木条，使其尺寸比墙厚大3～5mm。整个门框应用水平支撑撑牢，防止门框两侧楔子向里侧移位变形。也可采用在大模上固定门框水平支撑的办法，将门框直接套在水平支撑上，然后用木楔楔紧 （2）门（洞）口中间水平木支撑不得小于3道。如为后塞门框，宜采用金属制可伸缩式工具模板，保证拆模后棱角整齐 （3）开始浇筑混凝土时。先用人工送料浇筑500mm高度左右，然后再用吊斗浇筑。浇筑时要从门口正上方缓慢下料，或从门洞两侧同步同厚度下料。有条件或必要时（如门边钢筋过密），门口两侧可浇筑细石混凝土 （4）如采用假口时，假口模板厚度尺寸要正确，一般应大于墙厚3～5mm，与钢模挤严压紧，防止漏浆或变形 （5）当门口两侧钢筋过密，又采用后立口时，不宜预埋木砖，可采用混凝土浇筑后射钉枪固定门框的做法（门框两侧楔子上各射3枚） （6）采用后立口工艺时，最好多准备一个流水段的门口模板，隔一天后再拆假口，以保证门（洞）口棱角整齐

质量通病现象	原 因 分 析	防 治 措 施
构造柱平整度和密实性差,有胀模现象	(1)采用的模板刚度差,两侧模板组装松紧不一 (2)未采用振捣棒振捣密实 (3)未采用对拉螺栓,只采用对顶支撑或铁丝拉结固定模板 (4)浇捣口处混凝土处理不细致	(1)不得使用刚度差、周转次数多的胶合板模板,模板应采用50mm×100mm的方木作横肋,设穿墙螺栓,以ϕ48钢管作围檩收紧 (2)构造柱上口开设斜槽浇捣口,用小直径振动棒将混凝土振捣密实,模板内外严禁用器具撞击 (3)混凝土坍落度不宜过大,浇捣口部位应分层用微膨胀混凝土填实
出现标高偏差	测量时,发现混凝土结构层标高及预埋件、预留孔洞的标高与施工图设计标高之间有偏差 原因分析如下: (1)楼层无标高控制点或控制点偏少,控制网无法闭合;竖向模板根部未找平 (2)模板顶部无标高标记,或未按标记施工 (3)高层建筑标高控制线转测次数过多,累计误差过大 (4)预埋件、预留孔洞未固定牢,施工时未重视施工方法 (5)楼梯踏步模板未考虑装修层厚度	(1)每层楼设足够的标高控制点,竖向模板根部须做找平 (2)模板顶部设标高标记,严格按标记施工 (3)建筑楼层标高由首层±0.000标高控制,严禁逐层向上引测,以防止累计误差,当建筑高度超过30m时,应另设标高控制线,每层标高引测点应不少于2个,以便复核 (4)预埋件及预留孔洞,在安装前应与图纸对照,确认无误后准确固定在设计位置上,必要时用电焊或套框等方法将其固定,在浇筑混凝土时,应沿其周围分层均匀浇筑,严禁碰击和振动预埋件与模板 (5)楼梯踏步模板安装时应考虑装修层厚度

质量通病现象	原 因 分 析	防 治 措 施
柱模板炸模及、偏斜及柱身扭曲	(1) 柱箍间距太大或不牢，或木模钉子被混凝土侧压力拔出 (2) 板缝不严密 (3) 成排柱子支模不跟线，不找方，钢筋偏移未扳正就套柱模 (4) 柱模未保护好，支模前已歪扭，未整修好就使用 (5) 模板两侧松紧不一 (6) 模板上有混凝土残渣，未很好清理，或拆模时间过早	(1) 成排柱子支模前，应先在底部弹出通线，将柱子位置兜方找中 (2) 柱子支模板前必须先校正钢筋位置 (3) 柱子底部应做小方盘模板，或以钢筋角钢焊成柱断面外包框（图 1-12）保证底部位置准确 (4) 成排支模支撑时，应先立两端柱模，校直与复核位置无误后，顶部拉通长线，再立中间各根柱模。柱距不大时，相互间应用剪刀撑及水平撑搭牢。柱距较大时，各柱单独拉四面斜撑，保证柱子位置准确 (5) 根据柱子断面的大小及高度，柱模外面每隔 80～120cm 应加设牢固的柱箍，防止炸模 (6) 柱模如用木料制作，拼缝应刨光拼严，门子板应根据柱宽采用适当厚度，确保混凝土浇筑过程中不漏浆，不炸模，不产生外鼓 (7) 较高的柱子，应在模板中部一侧留临时浇灌孔，以便浇筑混凝土，插入振动棒，当混凝土浇筑到临时洞口时，即应可靠封闭

质量通病现象	原 因 分 析	防 治 措 施
防水混凝土结构模板用的对拉螺栓未焊接止水环，或止水环未满焊	有防水要求的混凝土结构模板选用对拉螺栓方法固定，如果对拉螺栓中间未焊止水环或止水环未满焊，那么地下水或雨水等会沿着螺杆作为渗水通道渗透进入室内，造成渗漏隐患，且数量众多，处理复杂	地下室外墙、水池等模板，使用对拉螺栓固定时，对拉螺栓应进行防水处理，可选用螺栓上加焊方形止水环，预埋套管加焊止水环及螺栓加堵头等做法，如图 1-13 所示。止水环尺寸及环数应符合设计要求，如设计无规定，则止水环应为 100mm×100mm、厚 2～4mm 金属板，且至少有一环 （1）螺栓加焊止水环做法：在螺栓中部加焊金属止水环，止水环与螺栓必须满焊严密，拆模后应该沿混凝土结构边缘将螺栓割断，见图 1-13（a） （2）预埋套管加焊止水环做法：套管采用钢管，其长度等同墙厚，兼具撑头作用，以确保模板之间的设计尺寸。止水环在套管上满焊严密。支模时在预埋套管中穿入对拉螺栓拉紧固定模板。拆模后将螺栓抽出，套管内以膨胀水泥砂浆封堵密实，见图 1-13（b） （3）螺栓加焊止水环再加堵头做法：堵头用厚 20mm、30mm×30mm 的木块，拆模后，剔出木块，将螺栓沿平凹底割去，然后再用膨胀水泥砂浆将凹槽封堵，见图 1-13（c）

质量通病现象	原 因 分 析	防 治 措 施
墙模板炸模，墙体厚薄不一，墙根跑浆、露筋，墙角模板拆不出	（1）钢模板事先未作排板设计，未绘排列图，相邻模板未设置围檩或间距过大，对拉螺栓选用过小或未拧紧。墙根未设导墙，模板根部不平，缝隙过大 （2）木模板制作不平整，厚度不一致，相邻两块墙模板拼接不严、不平，支撑不牢，没有采用对拉螺栓来承受混凝土对模板的侧压力，以致混凝土浇筑时炸模（或因选用的对拉螺栓直径太小，不能承受混凝土侧压力而被拉断） （3）模板间支撑方法不当 （4）混凝土浇筑分层过厚，振捣不密实，模板受侧压力过大，支撑变形 （5）角模与墙模板拼接不严，水泥浆漏出，包裹模板下口。拆模时间太迟，模板与混凝土粘结力过大 （6）未涂刷隔离剂，或涂刷后被雨水冲走	（1）墙面模板应当拼装平整，符合质量检验评定标准 （2）有几道混凝土墙时，除了顶部设通长连接木方定位外，相互间都应用剪刀撑撑牢，如图 1-14 所示 （3）墙身中间应按照模板设计书配制对拉螺栓，模板两侧以连杆增强刚度（图 1-15）来承担混凝土的侧压力，保证不炸模（一般采用 $\phi12\sim\phi16$mm 螺栓）。两片模板之应按照墙的厚度用钢管或硬塑料撑头，以保证墙体厚度一致。有防水要求时，应选用止水片的螺栓 （4）每层混凝土的浇筑厚度，应当控制在施工规范允许范围内 （5）模板面应该涂刷脱模剂 （6）墙根按照墙厚度先浇灌 150～200mm 高导墙作根部模板支撑，模板上口应该用扁钢封口，如图 1-16 所示，拼装时，钢模板上端边肋要加工两个缺口，将两块模板的缺口对齐，板条放入缺口内，用 U 形卡卡紧

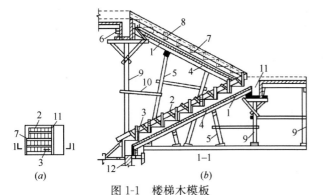

图 1-1　楼梯木模板

（a）平面示意；（b）1-1 截面

1—楼梯底板；2—反三角木；3—踏步侧板；4—搁栅；
5—牵杠撑；6—夹木；7—外帮板；8—木挡；
9—顶撑；10—拉杆；11—平台梁模；12—梯基础

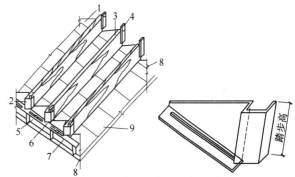

图 1-2　楼梯踏步组合模板侧帮模透视

1—踏步侧帮（2mm 钢模）；2—8 号槽钢；3—踏步模板；
4—嵌缝木条；5—U 形卡；6—2mm 厚扁钢；
7—侧模（组合钢模板）；8—角模；9—底模（组合钢模板）

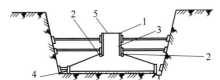

图 1-3　带形基础钢模板缺陷示意

1—上口不直，宽度不准；2—下口陷入混凝土内；3—侧面露石
子、麻面；4—底部上模不牢；5—模板口用铁丝对拉，有松有紧

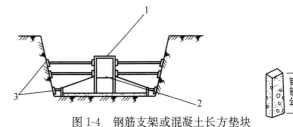

图 1-4　钢筋支架或混凝土长方垫块

1—$\phi 8$ 或 $\phi 10$ 圆钢；2—横插于基础钢架 $\phi 12$ 圆钢 5cm×8cm 混
凝土垫块，间距 80～100cm；3—土坑边垫木板扩大接触面

49

常用模板脱模剂配合比、配制及使用

表 1-4

类别	材料及重量配合比	配制和使用方法	优缺点及使用
水质类脱模剂	皂角：水＝1：5～7	用温水稀释皂角，搅匀使用；涂刷 2 遍，每遍隔 0.5～1h	使用方便，易脱模，成本低，冬、雨季不能使用 适用于木模，混凝土台座台面，土砖模使用
	皂角：滑石粉：水＝1：2：5	将皂角加热水稀释后，加滑石粉拌匀，刷涂 2 遍	使用方便，便于涂刷，易脱模，成本低，冬、雨季不能使用 适用于各种模板及胎模使用
	洗衣粉：滑石粉：水＝1：5：适量	按比例用适量温水搅至浆状使用	优点同上；但冬、雨季不能使用 适用钢模各种胎模使用
	海藻酸钠：滑石粉：洗衣粉：水＝1：13.3～40：1：53.5	将固体海藻酸钠用水浸泡 2～3d 后，再与其他材料混合调匀使用	喷刷较方便，易干、易脱模，但须脱模一次喷刷一次 适用于钢模使用
	石灰膏或麻刀灰	配成适当稠度抹 1～2mm 于模胎或构件表面	便于操作，易脱模，成本低，但耐水性差 适用于土模，重叠制作构件隔离层使用
油质类脱模剂	松香：肥皂：废机油（柴油）：水＝15：12：100：800	将松香、肥皂加入柴油中溶解，加水搅匀使用	便于涂刷，易脱模，干后雨仍有效 适用于钢、木模、混凝土台面使用
	废机油（重柴油）：肥皂＝1：1～2	将废机油（或重柴油）和肥皂水混合搅匀，刷 1～2 遍	涂刷方便，构件较清洁，颜色近灰白 适用于各种固定胎模使用

类别	材料及重量配合比	配制和使用方法	优缺点及使用
油质类脱模剂	废机油∶滑石粉（水泥）∶水 ＝1∶1.2（1.4）∶0.4	将三种组分拌合至乳状，刷1～2遍	材料易得，便于涂刷，表面光滑，但钢筋和构件易沾油 适用于各种固定胎模使用
乳剂类脱模剂	乳化机油∶水＝1∶5	在容器中按配合比混合搅匀，涂刷1～2遍	有商品供应，使用方便，易脱模 适于木模使用
	T_m 型乳化油∶水＝1∶10～20	将矿物油的混合物加热，皂化后加入稳定剂，缓蚀剂而成	有商品供应，使用方便，易脱模 适用于木模，胎模使用
	高分子有机酸＋矿物油	即金属切削加工使用的润滑冷却剂	有商品供应，使用方便，易脱模 适用于钢模，混凝土胎模使用
树脂类脱模剂	甲基硅树脂∶乙醇胺＝1000∶3～5	在瓷杯内把乙醇胺用少量酒精稀释，经搅拌后，倒在甲基硅树脂中缓慢搅拌均匀即成	脱模效果好，刷一次可用6次，无污染，但清模困难 适用于钢模
	不饱和聚酯＋硅油	—	喷涂一次，不必清模，周转使用10次以上 适用于阳台隔板的钢模上

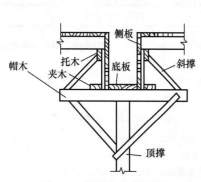

图 1-5　梁模的支撑形式

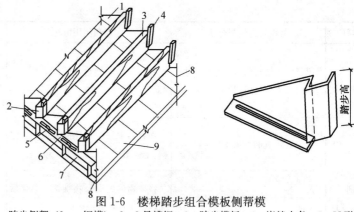

图 1-6　楼梯踏步组合模板侧帮模

1—踏步侧帮（2mm 钢模）；2—8 号槽钢；3—踏步模板；4—嵌缝木条；5—U 形卡；
6—2mm 厚扁钢；7—侧模（组合钢模板）；8—角模；9—底模（组合钢模板）

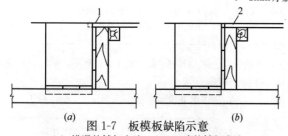

图 1-7　板模板缺陷示意

（a）错误的铺钉方法；（b）正确的铺钉方法
1—板模板铺钉在梁侧模上面；2—板模板铺钉到梁侧模外口齐平

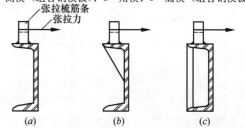

图 1-8　张拉梳筋条加固方法

（a）处理不当做法；（b）加劲肋加强做法；（c）箱形截面做法

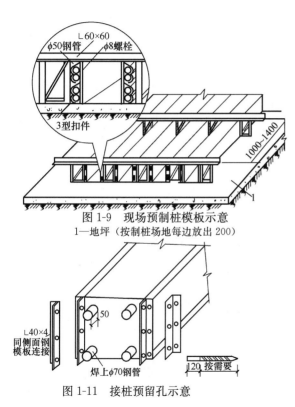

图 1-9 现场预制桩模板示意

1—地坪（按制桩场地每边放出 200）

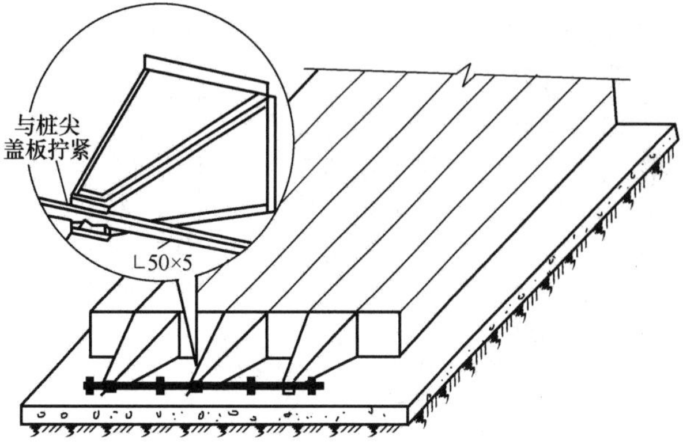

图 1-11 接桩预留孔示意

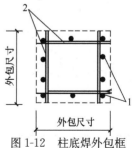

图 1-10 桩尖钢帽

图 1-12 柱底焊外包框

1—柱内钢筋；2—加焊钢筋，长与柱外包齐

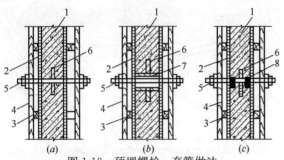

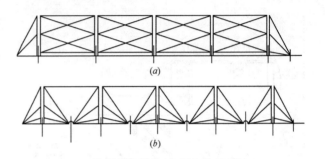

图 1-13　预埋螺栓、套管做法

（a）螺栓加焊止水环；（b）预埋套管加焊止水环；
（c）螺栓加焊止水环再加堵头
1—防水结构；2—模板；3—横楞；4—立楞；
5—对拉螺栓；6—止水环；7—套管；8—堵头

图 1-14　墙模板缺陷示意

（a）正确的支撑方法一；（b）正确的支撑方法二

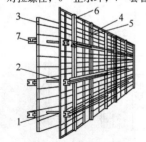

图 1-15　墙模板示意

1—对拉螺栓；2—钢管或塑料管；3—模板；
4—蝶形卡；5—钩头螺栓；6—竖连杆；7—横连杆

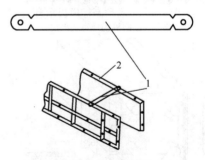

图 1-16　扁钢封口

1—板条式拉杆；2—模板

1.2 模板工程质量标准及验收方法

1.2.1 一般规定

(1) 模板工程应编制施工方案。爬升式模板工程、工具式模板工程及高大模板支架工程的施工方案，应按有关规定进行技术论证。

(2) 模板及支架应根据安装、使用和拆除工况进行设计，并应满足承载力、刚度和整体稳固性要求。

(3) 模板及支架拆除的顺序及安全措施应符合现行国家标准《混凝土结构工程施工规范》（GB 50666—2011）的规定和施工方案的要求。

1.2.2 模板安装

模板安装的质量标准及验收方法应符合表 1-5 的规定。

模板安装的质量标准及验收方法 表 1-5

项目	合格质量标准	检 查 数 量	检 验 方 法
主控项目	模板及支架用材料的技术指标应符合国家现行有关标准的规定。进场时应抽样检验模板和支架材料的外观、规格和尺寸	按国家现行相关标准的规定确定	检查质量证明文件，观察，尺量
	现浇混凝土结构模板及支架的安装质量，应符合国家现行有关标准的规定和施工方案的要求	按国家现行相关标准的规定确定	按国家现行相关标准的规定确定
	后浇带处的模板及支架应独立设置	全数检查	观察

项目	合格质量标准	检查数量	检验方法
主控项目	支架竖杆和竖向模板安装在土层上时，应符合下列规定： （1）土层应坚实、平整，其承载力或密实度应符合施工方案的要求 （2）应有防水、排水措施；对冻胀性土，应有预防冻融措施 （3）支架竖杆下应有底座或垫板	全数检查	观察；检查土层密实度检测报告、土层承载力验算或现场检测报告
一般项目	模板安装质量应符合下列规定： （1）模板的接缝应严密 （2）模板内不应有杂物、积水或冰雪等 （3）模板与混凝土的接触面应平整、清洁 （4）用作模板的地坪、胎膜等应平整、清洁，不应有影响构件质量的下沉、裂缝、起砂或起鼓 （5）对清水混凝土及装饰混凝土构件，应使用能达到设计效果的模板	全数检查	观察
	隔离剂的品种和涂刷方法应符合施工方案的要求。隔离剂不得影响结构性能及装饰施工；不得沾污钢筋、预应力筋、预埋件和混凝土接槎处；不得对环境造成污染	全数检查	检查质量证明文件；观察

项目	合格质量标准	检查数量	检验方法
一般项目	模板的起拱应符合现行国家标准《混凝土结构工程施工规范》(GB 50666—2011)的规定，并应符合设计及施工方案的要求	在同一检验批内，对梁，跨度大于18m时应全数检查，跨度不大于18m时应抽查构件数量的10%，且不应少于3件；对板，应按有代表性的自然间抽查10%，且不应少于3间；对大空间结构，板可按纵、横轴线划分检查面，抽查10%，且不应少于3面	水准仪或尺量
	现浇混凝土结构多层连续支模应符合施工方案的规定。上下层模板支架的竖杆宜对准。竖杆下垫板的设置应符合施工方案的要求	全数检查	观察
	固定在模板上的预埋件和预留孔洞不得遗漏，且应安装牢固。有抗渗要求的混凝土结构中的预埋件，应按设计及施工方案的要求采取防渗措施 预埋件和预留孔洞的位置应满足设计和施工方案的要求。当设计无具体要求时，其位置偏差应符合表1-6的规定	在同一检验批内，对梁、柱和独立基础，应抽查构件数量的10%，且不应少于3件；对墙和板，应按有代表性的自然间抽查10%，且不应少于3间；对大空间结构墙可按相邻轴线间高度5m左右划分检查面，板可按纵、横轴线划分检查面，抽查10%，且均不应少于3面	观察，尺量

续表

项目	合格质量标准	检查数量	检验方法
一般项目	现浇结构模板安装的尺寸偏差及检验方法应符合表1-7的规定	在同一检验批内，对梁、柱和独立基础，应抽查构件数量的10%，且不应少于3件；对墙和板，应按有代表性的自然间抽查10%，且不应少于3间；对大空间结构，墙可按相邻轴线间高度5m左右划分检查面，板可按纵、横轴线划分检查面，抽查10%，且均不应少于3面	—
	预制构件模板安装的偏差及检验方法应符合表1-8的规定	首次使用及大修后的模板应全数检查；使用中的模板应抽查10%，且不应少于5件，不足5件时应全数检查	—

预埋件和预留孔洞的安装允许偏差　　表1-6

项　目		允许偏差/mm
预埋板中心线位置		3
预埋管、预留孔中心线位置		3
插筋	中心线位置	5
	外露长度	+10，0

58

项　　目		允许偏差/mm
预埋螺栓	中心线位置	2
	外露长度	+10, 0
预留洞	中心线位置	10
	尺寸	+10, 0

注：检查中心线位置时，沿纵、横两个方向量测，并取其中偏差的较大值。

现浇结构模板安装的允许偏差及检验方法　　　　　　　　表 1-7

项　　目		允许偏差/mm	检验方法
轴线位置		5	尺量
底模上表面标高		±5	水准仪或拉线、尺量
模板内部尺寸	基础	±10	尺量
	柱、墙、梁	±5	尺量
	楼梯相邻踏步高差	±5	尺量
垂直度	柱、墙层高≤6m	8	经纬仪或吊线、尺量
	柱、墙层高＞6m	10	经纬仪或吊线、尺量
相邻两块模板表面高差		2	尺量
表面平整度		5	2m靠尺和塞尺量测

注：检查轴线位置当有纵横两个方向时，沿纵、横两个方向量测，并取其中偏差的较大值。

表 1-8

项目		允许偏差/mm	检验方法
长度	梁、板	±4	尺量两侧边，取其中较大值
	薄腹梁、桁架	±8	
	柱	0，−10	
	墙板	0，−5	
宽度	板、墙板	0，−5	尺量两端及中部，取其中较大值
	梁、薄腹梁、桁架	+2，−5	
高（厚）度	板	+2，−3	尺量两端及中部，取其中较大值
	墙板	0，−5	
	梁、薄腹梁、桁架、柱	+2，−5	
侧向弯曲	梁、板、柱	$L/1000$ 且$\leqslant$15	拉线、尺量最大弯曲处
	墙板、薄腹梁、桁架	$L/1500$ 且$\leqslant$15	
板的表面平整度		3	2m 靠尺和塞尺量测
相邻两板表面高低差		1	尺量
对角线差	板	7	尺量两对角线
	墙板	5	
翘曲	板、墙板	$L/1500$	水平尺在两端量测
设计起拱	薄腹梁、桁架、梁	±3	拉线、尺量跨中

注：L 为构件长度（mm）。

2 钢 筋 工 程

2.1 质量通病原因分析及防治措施

2.1.1 材料

为了保证钢筋工程材料的质量，要求相关工作人员必须熟悉质量问题的现象和防治方法。常见的钢筋工程材料的质量问题列于表 2-1 中。

钢筋工程材料质量通病分析及防治措施 表 2-1

质量通病现象	原 因 分 析	防 治 措 施
试件强度不足或伸长率低	如果钢筋出厂时检验疏忽，导致整批材质不合格，或者材质不均匀，在每批钢筋中任选两根钢筋切取两个试件做拉伸试验，试验取得的屈服点、抗拉强度与伸长率3项指标中，可能会出现1项指标不合格的情况	在收到供料单位送来的钢筋原材料后，应当首先仔细查看出厂证明书或者试验报告单，发现可疑情况，如强度过高或者波动较大等，应当特别注意进场时的复检结果 出现试件强度不足或伸长率低的情况后，应另取双倍数量的试件再做拉伸试验，重新测定3项指标，如仍有1项试件的屈服点、抗拉强度和伸长率中任一项指标不合格，不论这项指标在上次试验中是否合格，该批钢筋都不予验收，应退货或由技术部门另作降质处理；如果重新测定的3项指标都合格，则可正常使用

质量通病现象	原　因　分　析	防　治　措　施
冷弯性能不良	钢筋含碳量过高，或其他化学成分含量不合适，容易引起塑性性能偏低；钢筋轧制有缺陷，例如表面有裂缝、结疤或者折叠等情况时，也可能导致冷弯性能不良	通过出厂证明书或者试验报告单以及钢筋外观检查，通常无法预先发现钢筋冷弯性能优劣，因此，只有通过冷弯试验说明该性能不合格时才能确定冷弯性能不良，在这种情况下，应当通过供料单位告知钢筋生产厂引起注意 按照规定做冷弯试验，即在每批钢筋中任选两根钢筋，切取两个试件做冷弯试验，其结果有一个试件不合格，则可判断该批钢筋的冷弯性能不良。另取双倍数量的试件再做冷弯试验，如试验结果合格，钢筋可正常使用；如仍有一个试件的试验结果不合格，则该批钢筋不予验收，应退货
钢筋表面发生锈蚀	由于保管不良、存放期过长、仓库环境潮湿、通风不良，造成存放的钢筋表面出现浮绣、陈锈、老锈等现象。因此，钢筋运到使用地点后，须妥善保存和加强管理，不然会造成极大的浪费和损失	钢筋入库时，材料管理人员要详细检查和验收；在分捆发料时，一定要避免钢筋窜捆。分捆后应随时复制标牌并及时捆扎牢固，以防止使用时错用 （1）钢筋的保管应该遵守如下要点： 1）弯曲成型的钢筋须轻抬轻放，避免产生变形 2）弯曲成型的钢筋须通过加工操作人员的自检；同一编号的钢筋成品清点无误后，应该将其全部运离加工地点，送到指定的堆放场地（最好是仓库）；由专职质量检查人员复检合格后的成品才能进入成品仓库

続表

质量通病现象	原 因 分 析	防 治 措 施
钢筋表面发生锈蚀	由于保管不良、存放期过长、仓库环境潮湿、通风不良，造成存放的钢筋表面出现浮绣、陈锈、老锈等现象。因此，钢筋运到使用地点后；须妥善保存和加强管理，不然会造成极大的浪费和损失	3）堆放时，要按照工程名称和构件名称按照编号顺序分别存放；同一项工程或同一种构件的钢筋放在一起，按号码给钢筋挂上料牌（要注明构件名称、部位、钢筋尺寸、钢号、直径、根数等），缩尺钢筋的料牌不可遗漏（必要时加制分号料牌）；不能把多项工程的钢筋混放；与此同时要考虑施工顺序，避免先用的钢筋被压在下面，再进行翻垛时把其他钢筋压变形 （2）钢筋的长期存放应遵守下列要点： 1）钢筋入库要点数验收，要仔细检查钢筋的规格等级和牌号。库内划分不同品种、规格的钢筋堆放区域。每垛钢筋应立标签，每捆钢筋上应挂标牌；标牌和标签应标明钢筋的品种、等级、直径、技术证明书编号和数量等 2）钢筋不应和酸、盐、油等类物品存放在一起。存放地点应远离产生有害气体的车间，以避免钢筋被腐蚀 3）钢筋存储量应该和当地钢材供应情况、钢筋加工能力以及使用量相适应，周转期应尽量缩短，防止存储期过长，否则，既占压资金，又容易使钢筋发生锈蚀 4）材料管理人员在分捆发料时，一定要避免钢筋窜捆，分捆后应及时复制标牌并捆扎牢固，以防止错用

质量通病现象	原因分析	防治措施
钢筋表面发生锈蚀	由于保管不良、存放期过长、仓库环境潮湿、通风不良，造成存放的钢筋表面出现浮绣、陈锈、老锈等现象。因此，钢筋运到使用地点后；须妥善保存和加强管理，不然会造成极大的浪费和损失	（3）钢筋存放场地应符合下列要求： 1）钢筋原料应存放在仓库或料棚内，确保地面干燥 2）钢筋不得堆放在地面上，须用混凝土墩、砖或垫木垫起，使离地面200mm以上 3）工地临时保管钢筋原料时，应该选择地势较高、地面干燥的露天场地 4）在仓库、料棚或场地周围，应当有一定的排水设施，以利于排水
钢筋进库时，缺质检证明或试验报告	因为管理不善，钢筋在运输和贮存时标牌损坏或失落，造成进库的钢筋材质不明，对钢筋的使用、加工造成困难。若盲目使用，易造成所使用的钢筋级别、性能和设计不符，容易对结构造成严重隐患	收货单位应通知发货单位，加强对各炉号、批号钢筋的管理。钢筋应有出厂质量证明书或试验报告，钢筋表面或每捆（盘）钢筋均应有标志，并妥加保护不应损坏。钢筋进库时，应按炉罐（批）号及直径分批检验，并应查对标志和进行外观检查，钢筋应按照不同等级、牌号、直径、长度分别挂牌堆放整齐，并注明数量，不得混淆。不成批或非成盘钢筋无法确认为同一批号的钢筋应降级使用，用于非重要结构上的非主力筋。对无标牌的材质不明的钢筋，不应用于重要承重结构作为受力主筋

质量通病现象	原 因 分 析	防 治 措 施
钢筋品种、强度等级混杂不清	由于没有严格的验收管理制度，入库钢筋混乱，分不清钢号、炉罐号，容易造成混批、混炉、混钢种、钢号，使用后容易造成结构隐患	当热轧钢筋进场时，应按批进行检查验收。每批由同一牌号、同一炉罐号、同一规格的钢筋组成，重量不大于60t。允许由同一牌号、同一冶炼方法、同一浇筑方法的不同炉罐号组成混合批，但是各炉罐号含碳量之差不得大于0.02%，含锰量之差不应大于0.15% （1）外观检查　从每批钢筋中抽取5%进行外观检查。钢筋表面不应有裂纹、结疤和折叠。钢筋表面允许有凸块，但是不得超过横肋的高度。钢筋表面上其他缺陷的深度和高度不可大于该部位尺寸的允许偏差。钢筋可按实际重量或公称重量交货。当按照实际重量交货时，应随机抽取10根（6m长）钢筋称重，若重量偏差大于允许偏差，则应与生产厂交涉，以免损害用户利益 （2）力学性能检查　对热轧钢筋和余热处理钢筋应该检查出厂材质证明书或试验报告。检查拉伸试验（屈服点、抗拉强度、伸长率）、冷弯试验，需要时检查冲击韧度试验数据及化学成分检验数据，须与国家标准规定的相应级别钢筋指标相符 （3）其他　对冷轧带肋钢筋进场时应当按批进行检查和验收。每批由同一钢号、同一规格和同一级别的钢筋组成，

质量通病现象	原 因 分 析	防 治 措 施
钢筋品种、强度等级混杂不清	由于没有严格的验收管理制度，入库钢筋混乱，分不清钢号、炉罐号，容易造成混批、混炉、混钢种、钢号，使用后容易造成结构隐患	重量不大于 50t。每批抽取 5%（但不少于 5 盘或 5 捆）进行外形尺寸、表面质量和重量偏差的检查，检查结构应符合表 2-2 的要求，若其中有一盘（捆）不合格，则应该对该批钢筋逐盘或逐捆检查 力学性能和化学成分应逐盘、逐捆检查，拉伸试验和冷弯试验数据和化学成分分析，须与国家标准规定的相应级别钢筋指标相符
钢筋纵向裂缝	钢筋在轧制过程中，由于某些工艺缺陷，可能导致带肋钢筋沿"纵肋"出现纵向裂缝，或者"螺距"部分（即"内径"部分）出现连续的纵向裂缝	剪取实物送至钢筋生产厂时，应提请今后生产时注意加强检查，不合格的不得出厂；每批入库钢筋均要由专人观察抽查，若发现有纵向裂缝现象，联系供料单位处置或者退货，避免有这种缺陷的钢筋入库
钢筋在运输或堆放过程中弯折过度	因为运输装车不注意，运输车辆较短，条状钢筋弯折过度；或钢筋卸车时，挂钩单点吊，或堆放不慎压垛过重，导致钢筋运至工地时有严重的曲折形状。使用前弯折处须矫直，若局部矫正不直或产生裂纹的不得使用，将造成极大浪费，对于 HRB335 级和 HRB400 级钢筋，曲折的后果特别明显	运输时采用较长的运输车或用平板挂车接长运料。对于较长的钢筋，尽量采用吊架装卸车，严禁野蛮卸车。有严重曲折的钢筋，使用前应将弯折处矫直，对于局部矫正不直或产生裂纹的，不应用作受力筋，对 HRB335 级和 HRB400 级钢筋的曲折后果尤为注意

冷轧带肋钢筋的直径、横截面积和重量

表 2-2

公称直径 d/mm	公称截面面积/mm²	理论重量/（kg/m）
4	12.6	0.099
4.5	15.9	0.125
5	19.6	0.154
5.5	23.7	0.186
6	28.3	0.222
6.5	33.2	0.261
7	38.5	0.302
7.5	44.2	0.347
8	50.3	0.395
8.5	56.7	0.445
9	63.6	0.499
9.5	70.8	0.556
10	78.5	0.617
10.5	86.5	0.679
11	95.0	0.746
11.5	103.8	0.815
12	113.1	0.888

注：重量允许偏差±4%。

2.1.2 钢筋加工

为了保证钢筋加工的质量，要求相关工作人员必须熟悉质量问题的现象和防治方法。常见的钢筋加工质量问题列于表2-3中。

钢筋加工质量通病分析及防治措施

表 2-3

质量通病现象	原因分析	防治措施
钢筋出现条料弯曲现象	条料弯曲是指沿钢筋全长有一处或数处"慢弯"。每批条料或多或少几乎都有"慢弯"	仓库应该设专人验收入库钢筋；库内划分不同钢筋堆放区域，每堆钢筋应立标签或挂牌，表明其品种、强度等级、直径、合格证件编号及整批数量等；验收时要核对钢筋肋形，并按照钢筋外表的厂家标记（一般都应有厂名、钢筋品种和直径）与合格证件对照，确保无讹；钢筋直径不易分清的，要用卡尺测量检查
		发现混料情况后应立即检查并进行清理，重新分类堆放；若翻垛工作量大，不容易清理，应将该堆钢筋做出记号，以备发料时提醒注意；已经发出去的混料钢筋应立即追查，并采取防止事故的措施
		直径为14mm与14mm以下的钢筋用钢筋调直机调直；粗钢筋采用人工调直；可以用手工成型钢筋的工作案子，将弯折处放于卡盘上扳柱间，用平头横口扳子将钢筋弯曲处扳直，必要时用大锤配合打直；将钢筋进行冷拉以伸直

质量通病现象	原 因 分 析	防 治 措 施
冷拔钢丝塑性差	取冷拔钢丝试件检验，所得伸长率小于技术标准所要求的数值，或反复弯曲次数达不到规定值 原因分析如下： （1）总压缩率过大 （2）原材料含碳量过高	（1）合理控制总压缩率，在一般情况下，直径 5mm 的钢丝由 8mm 盘条经数次反复冷拔而成，直径 3mm 和 4mm 的钢丝用 6.5mm 的盘条拔制；冷拔次数不宜过多（但也不宜过少，以防止断丝，应由试验选择） （2）检验原材料性能，如强度远远超过 HPB300 级钢筋要求的下限（甚至达到 HRB335 级钢筋的规定值），则不用于拔制钢丝
圆形螺旋筋直径不准	圆形螺旋筋成型方法通常采用手摇卷筒盘缠来实现，成型后直径不符合要求 原因分析如下： 圆形螺旋筋成型所得的直径尺寸与绑扎时拉开的螺距和钢筋原材料弹性性能有关，直径不准是由于没有很好考虑这两点因素	应根据钢筋原材料实际性能和构件所要求的螺距大小预先确定卷筒的直径。当盘缠在卷筒上的钢筋放松时，螺旋筋就会往外弹出一些，拉开螺距后又会使直径略微缩小，其间差值应由试验确定
冷拔低碳钢丝经钢筋调直机调直后，表面有压痕或划道等损伤	（1）调直机上下压辊间隙太小 （2）调直模安装不合适	（1）在一般情况下，钢丝穿过压辊后，应使上下压辊间隙为 2～3mm （2）根据调直模的磨耗程度及钢筋性质，通过试验确定调直模合适的偏移量

质量通病现象	原 因 分 析	防 治 措 施
箍筋弯钩形式不对	不熟悉箍筋使用条件；忽视规范规定的弯钩形式应用范围；配料任务多，各种弯钩形式取样混乱	熟悉半圆（180°）弯钩、直（90°）弯钩、斜（135°）弯钩的应用范围和相关规定，特别是对于斜弯钩，是用于有抗震要求和受扭的结构，在钢筋加工的配料过程要注意图纸上标注和说明。因为并不是抗震设防地区的所有构件中箍筋都取斜弯钩，而只有某结构部位才用斜弯钩；至于哪些结构所用构件属于受扭，配料人员也不掌握。如果图纸上表述不清或有疑问，应了解确切后再配料 对于已加工成型而发现弯钩形式不正确的箍筋，应做以下处理：斜弯钩可代替半圆弯钩或直弯钩；半圆弯钩或直弯钩不能代替斜弯钩
拔制过程中钢丝断料	（1）钢筋每次拔制的压缩率过大；原材料含碳量过高（表现为强度过高或伸长率小，或屈服点不明显） （2）原材料质量不稳定 （3）除锈剥皮不彻底，致使钢丝产生沟痕	（1）选择最佳压缩率，通常情况下可使后道钢丝直径等于0.85乘以前道钢丝直径；如原材料材质有变化，还应按照具体情况调整压缩率 （2）妥善管理原材料，避免热轧圆盘条的牌号（一般应取Q300）与其他钢号不明的钢筋混杂 （3）如果原材料存放时间过长，出现氧化铁锈皮，应当通过除锈剥皮机加强处理 （4）查清原因，有针对性地找出解决问题的办法，修整好设备，然后再继续拔制并随时检查；断丝材料作废

质量通病现象	原 因 分 析	防 治 措 施
钢筋的调直、切断不进行严格控制和检查	钢筋调直通常采用冷拉和调直机两种方法进行。用冷拉方法调直热轧钢筋，用调直机调直冷拔丝 （1）采用冷拉方法调直钢筋，如果不严格控制冷拉率，冷拉率过大，会影响钢筋塑性，并增大钢材的脆性 （2）如果用调直机调直冷拔低碳钢丝，有时掌握不好易使钢筋表面出现擦伤、裂纹，用于结构构件中会影响工程质量	（1）采用冷拉方法调直钢筋时，必须严格控制钢筋的冷拉率。HPB300 光圆钢筋的冷拉率不宜大于 4%，HRB335、HRB400、HRB500、HRBF335、HRBF400、HRBF500 及 RRB400 带肋钢筋的冷拉率不宜大于 1%。如果使用的钢筋没有弯钢和弯折要求，可以适当放宽冷拉率，HPB300 光圆钢筋不宜大于 6%，HRB335、HRB400、HRB500、HRBF335、HRBF400、HRBF500 及 RRB400 带肋钢筋不宜大于 2% （2）用调直机调直钢丝时，应重点检查裂纹、刻痕和咬伤，有缺陷的应剔出或剪掉
成型尺寸不准	由于下料不准确、画线方法不对或误差过大、角度控制没有采取保证措施等原因，会造成已经成型的钢筋长度和弯曲角度不符合图纸要求	（1）施工人员应加强钢筋配料管理工作，根据本单位设备情况与传统操作经验，预先确定各种形状钢筋下料长度调整值，配料时应考虑周到；为了画线简单与操作可靠，应根据实际成型条件（弯曲类型和相应的下料长度调整值、弯曲处的弯曲直径及扳距等），制定一套画线方法以及操作时搭扳子的位置规定备用。一般情况可以采用以下画线方法：画弯曲钢筋分段尺寸时，把不同角度的下料长度调整值在弯曲操作方向相反一侧长度内扣除，画上分段尺寸线；形状对称的钢筋，画线应从钢筋的中心点开始，向两边分画

质量通病现象	原因分析	防治措施
成型尺寸不准	由于下料不准确、画线方法不对或误差过大、角度控制没有采取保证措施等原因，会造成已经成型的钢筋长度和弯曲角度不符合图纸要求	（2）扳距大小应当根据钢筋弯制角度与钢筋直径确定，并结合本单位经验取值。表 2-4 的数值可供参考（表中 d 为钢筋直径） （3）为了确保弯曲角度符合图纸要求，在设备与工具不能自行达到准确角度的情况下，可以在成型案上画出角度准线或者采取钉扒钉做标志的措施 　对于形状比较复杂的钢筋，若要进行大批成型，最好先放出实样，并且根据具体条件预先选择合适的操作参数（画线过程、扳距取值等）以作为示范 （4）当所成型钢筋某部分误差超过质量标准的允许值时，应按照钢筋受力与构造特征分别处理。若存在超偏差部分对结构性能没有不良影响，应尽量用在工程上（例如弯起钢筋弯起点位置略有偏差或弯曲角度稍有不准，可经技术鉴定确定是否可用）；对结构性能有重大影响，或钢筋无法安装的（例如钢筋长度或高度超出模板尺寸），则须返工；返工时如需重新将弯折处直开，仅限于 HPB300 钢筋返工一次，并且应在弯折处仔细检查表面状况（如是否变形过大或出现裂纹等）
已成型好的钢筋变形	钢筋成型后虽然外形准确，但在堆放或搬运过程中发现弯曲、歪斜、角度偏差 原因分析如下： （1）成型后往地面摔得过重，或因地面不平，或与别的物体或钢筋碰撞成伤 （2）堆放过高或支垫不当被压弯 （3）搬运频繁，装卸"野蛮"	已成型好的钢筋在搬运、堆放时应轻抬轻放，放置地点应平整，支垫应合理；尽量按照施工需要运去现场并按使用先后堆放，以避免不必要的翻垛 　当出现钢筋变形情况时，可以将变形的钢筋抬放成型案上矫正；若变形过大，应当检查弯折处是否有碰伤或局部出现裂纹，并根据具体情况处理

质量通病现象	原 因 分 析	防 治 措 施
矩形箍筋成型后拐角不成 90°，或两对联角线长度不相等	箍筋边长成型尺寸与图纸要求误差过大；没有严格控制弯曲角度；一次弯曲多个箍筋时没有逐根对齐	注意操作，使成型尺寸准确；当一次弯曲多个箍筋时，应在弯折处逐根对齐。当箍筋外形误差超过质量标准允许值时，对于 HPB300 级钢筋，可以重新将弯折直开，再行弯曲调整；对于其他品种钢筋，不得直开后再弯曲
钢筋做弯钩或弯折时，弯曲直径和平直部分长度未达到设计要求	钢筋需要做弯钩或弯折时，由于未重视弯曲直径和平直部分的设计要求，使钢筋的弯钩或弯折不符合规范规定，影响结构的受力性能	(1) 钢筋弯折的弯弧内直径应符合下列规定： 1) 光圆钢筋，不应小于钢筋直径的 2.5 倍 2) 335MPa 级、400MPa 级带肋钢筋，不应小于钢筋直径的 4 倍 3) 500MPa 级带肋钢筋，当直径为 28mm 以下时不应小于钢筋直径的 6 倍，当直径为 28mm 及以上时不应小于钢筋直径的 7 倍 4) 箍筋弯折处尚不应小于纵向受力钢筋的直径 (2) 纵向受力钢筋的弯折后平直段长度应符合设计要求。光圆钢筋末端作 180°弯钩时，弯钩的平直段长度不应小于钢筋直径的 3 倍

扳距参考值   表 2-4

弯制角度	45°	90°	135°	180°
扳距	1.5～2d	2.5～3d	3～3.5d	3.5～4d

2.1.3 钢筋连接

为了保证钢筋连接的质量,要求相关工作人员必须熟悉质量问题的现象和防治方法。常见的钢筋连接质量问题列于表 2-5 中。

钢筋连接质量通病分析及防治措施　　　　表 2-5

质量通病现象	原 因 分 析	防 治 措 施
钢筋焊接前未进行试焊,就直接进行批量焊接	钢筋焊接施工,影响因素较多,例如:温度变化,风力大小,气温对焊工操作的影响等,每日的情况都可能有变化。钢筋在施焊前如果不进行试焊,焊工对焊接参数、焊接性能不了解或对焊接参数不做调整,盲目进行大批量焊接生产,可能会导致焊接接头质量不合格,致使出现质量问题而返工	钢筋焊接前须按照当时的施工条件、气温状况进行试焊试焊时先根据气温状况调整焊接参数及确定焊接工艺。合理的焊接参数调整后,先对施焊的试件进行外观检查,当外观满足要求后,再将焊接力学性能试件送试验室试验,试验合格后才可进行批量焊接。焊接试件遵照以下规定: (1) 闪光对焊应焊接 6 个试件,其中 3 个做拉伸试验,3 个做弯曲试验。全部合格后,该试焊工艺参数即为正式生产工艺参数。其中有一项指标未通过,再重新调整参数重新焊接试件试验,直至合格为止 (2) 电弧焊、电渣压力焊应焊接 3 个试件做拉伸试验,试验合格后,该试焊工艺参数即为正式生产工艺参数。如果有一个试件不合格,再重新调整参数重焊试件,试验直至合格为止 (3) 电弧焊的试焊试件应选用和生产条件相同级别的钢筋和焊条进行焊接。如果焊条牌号改变应重新进行试焊确定参数 (4) 国内生产建筑用钢筋通常不作化学成分分析复试,但是如在试焊中发现焊接性能不良,仍应进行化学成分检验,并按其试验结果进行处置

质量通病现象	原 因 分 析	防 治 措 施
钢筋焊工无焊接合格证不能施焊	焊接是一个关键工序，钢筋焊接接头的质量取决于焊工的素质、熟练程度、操作技能和工作态度，未经培训、无合格证的焊工不能从事钢筋焊接生产	（1）从事钢筋焊接生产的焊工必须持有合格证，焊工合格证只限本人使用，不得涂改 （2）操作范围限于规定的钢筋级别、焊接方法和直径范围内，焊工必须在合格证的允许操作范围内生产 （3）持有合格证的焊工，当在焊接生产中三个月内出现两批不合格产品时，应取消其合格资格 （4）合格证的有效期限为两年，持有合格证的焊工应每两年复试一次；当脱离生产半年以上，在重新生产操作前应首先进行复试，合格后方可上岗操作 （5）施工企业应经常掌握焊工操作技能的情况，工程质量监督单位和工程监理单位应抽查验证上岗操作的焊工，如在质量验收时，钢筋焊接接头的力学性能试验报告单上应注明焊工姓名，对焊接接头试件的取样实行"见证取样"，加强对焊工操作质量的监控
焊条、焊剂不符合钢筋设计等级要求	生产厂方、供货单位没有提供材质证明或试验报告，无法按设计要求选择焊条、焊剂，其质量是否合格、可靠没有依据，无法保证焊接质量	（1）必须按设计要求选择焊条、焊剂 （2）焊条、焊剂生产厂方或供货单位必须提供完整可靠的材质证明或试验报告，无材质合格证或试验报告的材料不能验收，不准使用 （3）使用复印件或抄件的合格证或试验报告必须注明原件存放单位和抄件人签章，供货单位盖红图章 （4）钢板和型钢应采用碳钢或低合金钢，用于预埋件接头、坡口焊接头和熔槽帮条焊接头，其性能应符合现行国家标准《碳素结构钢》（GB 700—2006）或《低合金高强度结构钢》（GB/T 1591—2008）的规定。电弧焊所采用的焊条，其性能应符合现行国家标准《非合金钢及细晶粒钢焊条》（GB/T 5117—2012）或《热强钢焊条》（GB/T 5118—2012）的规定 （5）各种焊接材料应分类存放并妥善管理，其性能应符合现行《钢筋焊接及验收规程》（JGJ 18—2012）的规定

质量通病现象	原 因 分 析	防 治 措 施
使用受潮的焊条、焊剂	焊条、焊剂在运输或存放中不当，使焊条、焊剂受潮，药皮变质失效，使用这些焊条或焊剂由于湿度太高会导致焊接熔池中的气体来不及逸出而停留在焊缝中形成气孔，影响焊接接头的力学性能达不到设计要求	各种焊条、焊剂在运输和存放中应有防止受潮变质的措施，焊剂应存放在干燥的库房内。不使用受潮变质的焊条或焊剂，雨雪天气不能焊接，平时应确保钢筋焊接区域内环境干燥清洁。焊条、焊剂使用前应用专用设备烘干并设专人负责。烘干温度及时间按使用说明书的规定。焊条烘干后应放在 $100\sim120$℃的高温箱内保存以备用。焊条发放、回收均需有记录。当班使用的焊条领取时应立即置于保温筒中随用随取，尽可能当班用完。低氢型焊条暴露了空气中允许时间为 4h，对当班用剩和置于空气中的焊条及焊剂，回收后需重新烘干才可使用，焊条重复烘干次数不得超过两次。已受潮或生锈的焊条不得再使用。焊剂如受潮，在使用前应经 $250\sim300$℃烘焙 2h
钢筋焊接搭接时，焊接端不进行预弯处理	钢筋端部不进行预弯处理即行搭接焊接，造成两根钢筋的轴线不在一直线上，产生偏心距 e（图 2-1a），受力后，接头扭转，把接头处混凝土破坏；与此同时，箍筋与受力筋贴不紧，影响结构的受力性能和抗震性能	钢筋搭接焊接头在焊接前，焊接端的钢筋应适当预弯，使焊后的两根钢筋轴线在一直线上（图 2-1b、c）
钢筋闪光对焊接头弯折或偏心	由于钢筋端头歪斜、电极变形太大或安装不准确、焊机夹具晃动过大、操作不当等原因，钢筋闪光对焊接头处产生弯折，折角超过 2°（图 2-2a），或者接头处偏心，轴线偏移大于 0.1d 或者 1mm（图 2-2b）	（1）钢筋端头弯曲时，焊前应当予以矫直或者切除 （2）经常保持电极的正常外形，变形较大时应当及时修理或更新，安装时应力求位置准确 （3）夹具如因磨损晃动较大，应当及时维修 （4）接头焊毕，稍冷却后再小心地移动钢筋

质量通病现象	原　因　分　析	防　治　措　施
钢筋闪光对焊焊口局部区域未焊透	由于焊接方法应用不当或焊接参数选择不合适等原因，采用闪光对焊的焊口局部区域未能相互结晶，焊合不良，接头镦粗变形量很小，挤出的金属毛刺极不均匀，多集中于上口，并产生严重的胀开现象，从断口上可看到如同有氧化膜的黏合面存在，在使用过程中，会造成严重的质量问题	（1）适当限制连续闪光焊工艺的使用范围。钢筋对焊焊接工艺方法宜按下列规定选择： 1）当钢筋直径≤25mm，钢筋级别不大于HRB400级，选用连续闪光焊 2）当钢筋直径＞25mm，级别大于HRB400级，且钢筋端面较平整，宜采用预热闪光焊，预热温度约1450℃，预热频率宜用2～4次/s 3）当钢筋端面不平整，应采用"闪光－预热－闪光焊" 连续闪光焊所能焊接的钢筋范围，应按照焊机容量、钢筋级别等具体情况而定，并应符合表2-6规定 （2）重视预热作用，掌握预热要领，力求扩大沿焊件纵向的加热区域，减小温度梯度。需要预热时，宜选用电阻预热法，其操作要领如下：第一，按钢筋级别采取相应的预热方式。其工艺过程图解见图2-3，随着钢筋级别的提高，预热频率应逐渐降低。预热次数应为1～4次，每次预热时间应1.5～2s，间歇时间应为3～4s；第二，预热压紧力应该不小于3MPa。当具有充足的压紧力时，焊件端面上的凸出处会逐渐被压平，更多的部位则发生接触，于是，沿焊件截面上的电流分布就比较均匀，从而使加热比较均匀

质量通病现象	原 因 分 析	防 治 措 施
钢筋闪光对焊焊口局部区域未焊透	由于焊接方法应用不当或焊接参数选择不合适等原因，采用闪光对焊的焊口局部区域未能相互结晶，焊合不良，接头镦粗变形量很小，挤出的金属毛刺极不均匀，多集中于上口，并产生严重的胀开现象，从断口上可看到如同有氧化膜的黏合面存在，在使用过程中，会造成严重的质量问题	（3）采取正常的烧化过程，让焊件获得符合要求的温度分布，尽可能平整的端面，以及比较均匀的熔化金属层，为了提高接头质量创造良好的条件。具体做法是： 1）按照焊接工艺选择烧化留量。连续闪光时，烧化过程应较长，烧化留量应等于两根钢筋在断料时切断机刀口严重压伤区段（包括端面的不平整度），再加8mm。闪光－预热－闪光焊时，应该分一次烧化留量和二次烧化留量，一次烧化留量等于两根钢筋在断料时切断机刀口严重压伤区段，二次烧化留量不应小于10mm，预热闪光焊时的烧化留量不应小于10mm 2）采取变化的烧化速度，保证烧化过程具有"慢→快→更快"的非线性加速度方式。平均烧化速度一般可取2mm/s。当钢筋直径大于25mm时，因为沿焊件截面加热的均衡性减慢，烧化速度应略微降低 （4）避免采用过高的变压器级数施焊，来提高加热效果
钢筋闪光对焊焊口发生氧化	一种情况是焊口局部区域为氧化膜所覆盖，呈光滑面状态另一种情况是焊口四周或大片区域遭受强烈氧化，失去金属光泽，呈现发黑状态 原因分析如下： （1）烧化过程太弱或不稳定，使液体金属过梁的爆破频率降低，产生的金属蒸气较少，从数量上和压力上都不足以保护焊缝金属免受氧化	（1）闪光对焊时，应确保烧化过程的连续性，并且具有必要的强烈程度。作法主要有：第一，选择合适的变压器级数，使之有足够的焊接电流，以利液体金属过梁的爆破；第二，焊件瞬时的接近速度应当相当于触点－过梁爆破所造成的焊件实际缩短的速度，即瞬时的烧化速度。烧化过程初期，因焊件处于冷的状态，触点－过梁存在的时间较长，所以烧化速度应慢一些。否则，同时存在的触点数量增加，触点将因电流密度降低而难以爆破，致使焊接电路的短路，发生不稳定的烧化过程。随着加热的进行，烧化速度需逐渐加快，尤其是紧接顶锻前的烧化阶段，则应当采取尽可能快的烧化速度，以便产生足够的金属蒸气，提高防止氧化的效果

质量通病现象	原 因 分 析	防 治 措 施
钢筋闪光对焊焊口发生氧化	（2）从烧化过程结束到顶锻开始之间的过渡不够急速，或有停顿，空气侵入焊口 （3）顶锻速度太慢或带电顶锻不足，焊口中熔化金属冷却，致使挤破和去除氧化膜发生困难。至于焊口遭受强烈氧化的原因，则是由于顶锻留量过大，顶锻压力不足，致使焊口封闭太慢或根本未能真正密合的缘故	（2）顶锻留量应当为4～10mm，使其既能保证接头处获得不小于钢筋截面的结合面积，又能有效地排除焊口中的氧化物，纯洁焊缝金属 随着钢筋直径的增大和级别的提高，顶锻留量需相应增加，其中带电顶锻留量应等于或略大于三分之一，焊接Ⅳ级钢筋时，顶锻留量宜增大30％，以利于焊口的良好封闭（参见表2-7、表2-8） （3）采取在用力的情况下尽可能快的顶锻速度。因为烧化过程一结束，防止氧化的自保护作用便消失，空气将立即侵入焊口。如果顶锻速度很快，焊口闭合延续时间很短，便能够免遭氧化；同时，顶锻速度加快后，也有利于趁热挤破和排除焊口中的氧化物。因此，顶锻速度越快越好。通常低碳钢对焊时不得小于20～30mm/s （4）保证接头处具有适当的塑性变形。因为接头处的塑性变形特征对于破坏及去除氧化膜的效果起着重要的影响，当焊件加热，温度分布比较适当，顶锻过程的塑性变形多集中于接头区时（图2-4a），有利于去除氧化物；反之，若加热区过宽，变形量被分配到更宽的区域时（图2-4b），接头处的塑性变形就会减小到不足以彻底去除氧化物的程度

质量通病现象	原 因 分 析	防 治 措 施
钢筋闪光对焊焊口过热	（1）预热过分，焊口及其近缝区金属强烈受热 （2）预热时接触太轻，间歇时间太短，热量过分集中于焊口 （3）沿焊件纵向的加热区域过宽，顶锻留量偏小，顶锻过程不足以使近缝区产生适当的塑性变形，未能将过热金属排除于焊口之外 （4）有的为了顶锻省力，带电顶锻延续较长，或顶锻不得法，致使金属过热	（1）根据钢筋级别、品种及规格等情况确定其预热程度，并在生产中严加控制。为了便于掌握，宜采取预热留量与预热次数相结合的办法。通过预热留量，借助焊机上的标尺和指针，准确控制预热起始时间；通过记数，可适当控制预热的停止时间 （2）采取低频预热方式，适当控制预热的接触时间、间歇时间以及压紧力，使接头处既能获得较宽的低温加热区，改善接头的性能，又不致产生大的过热区 （3）严格控制顶锻时的温度及留量。当预热温度偏高时，可加快整个烧化过程的速度，必要时可重新夹持钢筋再次进行快速的烧化过程，同时需确保其顶锻留量，以便顶锻过程能够在有力的情况下完成，从而有效地排除掉过热金属 （4）严格控制带电顶锻过程。在焊接断面较大的钢筋时，如因操作者体力不足，可增加助手协同顶锻，切忌采用延长带电顶锻过程的有害作法
截面较大的钢筋采用连续闪光对焊时，焊接参数选择不当	当截面较大的钢筋采用连续闪光对焊时，若焊接参数选择不当，尤其是烧化留量太小、变压器级数过高以及烧化速度太快等，会导致焊件端面加热不足，受热不均，没能形成比较均匀的熔化金属层，致使顶锻过程生硬，焊合面不完整，未焊透，形成胀口，焊接接头不合格	应按照钢筋品种、直径和所用焊机功率大小分别选用连续闪光焊、预热闪光焊和闪光—预热闪光焊三种工艺（表2-9），对截面较大的钢筋应采用预热闪光工艺对焊，即钢筋直径超过表2-6中的规定，且钢筋端面较平整的，宜采用预热闪光焊 为了获得良好的对焊接头，应选择恰当的焊接参数，包括闪光留量、闪光速度、顶锻留量、顶锻速度、顶锻压力、调伸长度及变压器级数等，选用预热闪光焊时，还需增加预热留量和预热频率等参数

质量通病现象	原 因 分 析	防 治 措 施
截面较大的钢筋采用连续闪光对焊时,焊接参数选择不当	当截面较大的钢筋采用连续闪光对焊时,若焊接参数选择不当,尤其是烧化留量太小、变压器级数过高以及烧化速度太快等,会导致焊件端面加热不足,受热不均,没能形成比较均匀的熔化金属层,致使顶锻过程生硬,焊合面不完整,未焊透,形成胀口,焊接接头不合格	(1) 闪光留量与闪光速度:闪光留量应使闪光结束时,钢筋端部能均匀加热,并达到足够的温度。当选用闪光、预热闪光焊时,一次闪光留量等于两根钢筋在断料时切断机刀口严重压伤部分,二次闪光留量不应小于 10mm;预热闪光焊时的闪光留量不应该小于 10mm。闪光速度开始时近于零,而后约 1mm/s,终止时约 1.5～2.0mm/s (2) 预热留量与预热频率:需要预热时,宜采用电阻预热法,加热比较均匀,预热留量应为 1～2mm,预热次数应为 1～4 次,每次预热时间应该为 1.5～2.0s,间歇时间应为 3～4s (3) 顶锻留量、顶锻压力和顶锻速度:顶锻留量应让钢筋焊口完全密合并产生一定的塑性变形。顶锻留量宜取 4～10mm,并随钢筋直径的增大和钢筋级别的提高而增加,其中有电顶锻留量约占 1/3。焊接 RRB400 级钢筋时,顶锻留量宜增大 30%。顶锻速度应越快越好,尤其是顶锻开始的 0.1s 应将钢筋压缩 2～3mm,使焊口迅速闭合不到氧化,而后断电并以 6mm/s 的速度继续顶锻至结束。顶锻压力应足以将全部的熔化金属从接头内挤出,而且还要让邻近接头处(约 10mm)的金属产生适当的塑性变形 (4) 调伸长度:调伸长度应随着钢筋级别的提高和钢筋直径的加大而增长,应使接头能均匀加热,并使钢筋顶锻时不致发生旁弯,通常取值:HPB300 级钢筋为(0.75～1.25)d(d 为钢筋直径),HRB335、HRB400、RRB400 级钢筋为(1.0～1.5)d,直径小的钢筋取较大值 (5) 变压器级次:用以调节焊接电流大小。钢筋级别高或直径大,变压器级次要高。焊接时若火花过大并有强烈声响时,应降低变压器级次;当电压降低 5% 左右时,应该提高变压器级次 1 级

质量通病现象	原 因 分 析	防 治 措 施
电渣压力焊的钢筋端部倾斜过大，施焊前未清除端部杂质，焊接操作不规范，熔化量过少，焊包不匀	钢筋端部倾斜过大，焊接熔化量过小，造成加压时金属在接头四周分布不匀，形成的焊缝厚薄不匀，凸出钢筋表面的金属一面很多，而少的一面金属高度不足 2mm。由于焊包不匀也会使焊接接头的抗拉强度不合格	（1）施焊前，应将钢筋端部 120mm 范围内的铁锈和杂质清除干净，当钢筋端部倾斜过大时，应将倾斜部分切除，端面力求平整。焊药应在 250℃烘烤，并保持清洁、干燥。钢筋接头必须在焊剂盒正中部位，四周焊剂尽可能填充均匀。焊接时应延长焊接时间，增大电焊电流，适当加大熔化量，保证钢筋端面均匀熔化，避免未熔合和焊包不匀 （2）采用自动电渣压力焊时，可用 10～12mm 的铁丝引弧，焊接工艺操作过程由凸轮自动控制，但应预先调试好控制箱的电流、电压的时间信号，并事先试焊几次，以考核焊接参数的可靠性，再批量焊接 （3）采用手工电渣压力焊时应用直接引弧法，先使上、下钢筋接触，通电后将上钢筋提升 2～3mm，然后继续提升几毫米，待电弧稳定后，随着钢筋的熔化再使上钢筋逐渐下降，此时电弧熄灭，在转化为电渣的过程中，焊接电流产生电阻热，使钢筋端部继续熔化，待熔化留量达到规定数值（30～40mm）后，将电源切断，用适当压力迅速顶压，使挤出的熔化金属形成坚实接头，冷却 1～3min 后才能卸掉夹具 （4）焊接时应加强对电源的维护管理，严禁钢筋接触电源。焊机必须接地，焊接导线和钳口接线处应有可靠绝缘，焊机和变压器不得超负荷使用

质量通病现象	原　因　分　析	防　治　措　施
钢筋电渣压力焊出现焊包不匀	焊包不匀包括两种情况：一种是被挤出的熔化金属形成的焊包很不均匀，大的一面熔化金属很多，小的一面其高度不足 2mm；另一种是钢筋端面形成的焊缝厚薄不匀 原因分析如下： （1）钢筋端头倾斜过大而熔化量又不足，加压时熔化金属在接头四周分布不匀 （2）采用铁丝圈引弧时，铁丝圈安放不正偏到一边	（1）当钢筋端头倾斜过大时，应事先把倾斜部分切去才能焊接 （2）焊接时应适当加大熔化量，保证钢筋端面均匀熔化 （3）采用铁丝圈引弧时，铁丝圈应置于钢筋端面中心，不能偏移
对焊机长期使用后，电极槽口严重变形，电极与钢筋接触处有铁锈、油污，夹不紧钢筋	由于电极槽口变形，与钢筋夹紧部分不均匀，局部电阻过大，导致面积不足，同时电极与钢筋接触处不洁净也会产生局部电流密度大，施焊后钢筋产生烧伤断口的缺陷，导致同一截面的硬度不均匀，应力集中，钢筋接头强度降低，受力后易发生脆断	对焊机在使用期间应经常维修保养，改进电极槽口形状，保证与钢筋有足够的接触面积。电极宜作成带三角形槽口的形状，长度不应小于 55mm 钢筋的端部约 130mm 的长度范围内，施焊前应清除铁锈和油污，并清除电极内的氧化物保持洁净，确保在焊接或热处理时夹紧钢筋，导电良好，顺利完成施工焊接全过程

质量通病现象	原 因 分 析	防 治 措 施
钢筋电弧焊出现焊瘤	焊瘤是指正常焊缝之外多余的焊着金属。焊瘤使焊缝的实际尺寸发生偏差,并在接头中形成应力集中区 原因分析如下: (1) 熔池温度过高,凝固较慢,在铁水自重作用下下坠形成焊瘤 (2) 坡口焊、帮条焊或搭接立焊中,如焊接电流过大,焊条角度不对或操作手势不当也易产生这种缺陷	(1) 熔池下部出现"小鼓肚"时,可利用焊条左右摆动和挑弧动作加以控制 (2) 在搭接或帮条接头立焊时,焊接电流应比平焊适当减少,焊条左右摆动时在中间部位走快些,两边稍慢些 (3) 焊接坡口立焊接头加强焊缝时,应选用直径 3.2mm 的焊条,并应适当减小焊接电流
连接接头钢筋端部呈马蹄形或有翘曲	钢筋头部不平直,影响了钢筋接头的加工质量,易造成钢筋连接不牢固,无法发挥机械连接的优越性,给结构带来隐患,同时易损耗加工设备,影响设备的使用寿命	(1) 钢筋接头施工时应做到钢筋断面与钢筋轴线基本垂直,不得有马蹄形和翘曲现象,钢筋应用砂轮片和切断机切断,不得用气割下料 (2) 加工的钢筋端头螺纹牙形、螺距等必须与连接套牙形、螺距一致,并经配套的量规检测合格后才能使用 (3) 加工钢筋端头螺纹不得使用油性润滑液,应用水溶性润滑液 (4) 操作工人应按规范规定逐个检查端头螺纹的外观质量 (5) 经自检合格的钢筋端头螺纹,每种规格按加工批量随机抽检 10%,且不少于 10 个。如果有一端头螺纹不合格,即应对该加工批全数检查;不合格的端头螺纹应重新加工,再次检验合格后才能使用 (6) 已检验合格的端头螺纹应加以保护,拧上连接套或戴上保护帽,并按规格分类堆放整齐待用

质量通病现象	原 因 分 析	防 治 措 施
钢筋电弧焊出现气孔	焊接熔池中的气体来不及逸出而停留在焊缝中所形成的孔眼，大半呈球状。根据其分布情况，可分为疏散气孔、密集气孔和连续气孔等 原因分析如下： （1）碱性低氢型焊条受潮，药皮变质或剥落、钢芯生锈；酸性焊条烘焙温度过高，使药皮变质失效 （2）钢筋焊接区域内清理工作不彻底 （3）焊接电流过大，焊条发红造成保护失效，使空气侵入 （4）焊条药皮偏心或磁偏吹造成电弧强烈不稳定 （5）焊接速度过快，或空气湿度太高	（1）各种焊条均应按说明书规定的温度和时间进行烘焙。药皮开裂、剥落、偏心过大以及焊芯锈蚀的焊条不能使用 （2）钢筋焊接区域内的水、锈、油、熔渣及水泥浆等必须清除干净，雨雪天气不能焊接 （3）引燃电弧后，应将电弧拉长些，以便进行预热和逐渐形成熔池。在已焊焊缝端部上收弧时，应将电弧拉长些，使该处适当加热，然后缩短电弧，稍停一会再断弧 （4）焊接过程中，可适当加大焊接电流，降低焊接速度，使熔池中的气体完全逸出
钢筋采用电弧焊时，焊缝金属中存在块状或弥散桩非金属夹渣物	钢筋采用电弧焊时，产生夹渣的原因很多，主要是由于准备工作未做好或者操作技术不熟练引起的，如运条不当、焊接电流小、钝边大、坡口角度小、焊丝直径较粗等。夹渣也可能来自钢筋表面的铁锈、氧化皮及水泥浆等污物，或者焊接熔渣渗入焊缝所致。在多层施焊时，熔渣未清除干净，也会造成层间夹渣	（1）采用焊接工艺性能良好的焊条，正确选择焊接电流（表2-10），在坡口焊中宜选用直径3.2mm的焊条。焊接时必须将焊接区域内的脏物清除干净；多层施焊时，应当层层清除熔渣 （2）在搭接焊与帮条焊时，操作中应当注意熔渣的流动方向，尤其是采用酸性焊条时，必须使熔渣滞留在熔池后面；当熔池中的铁水与熔渣分离不清时，应当将电弧拉长，利用电弧热量与吹力将熔渣吹到旁边或者后边 （3）焊接过程中发现钢筋上有污物或者焊缝上有熔渣，焊到该处应当将电弧适当拉长，并且稍加停留，使该处熔化范围扩大，以把污物或者熔渣再次熔化吹走，直至形成清亮熔池为止

质量通病现象	原 因 分 析	防 治 措 施
钢筋采用电弧焊时，电弧烧伤钢筋表面	由于操作不当，使焊条、焊把等与钢筋非焊接部位接触，短暂地引起电弧后，将钢筋表面局部烧伤，会造成缺肉或者凹坑，或者产生淬硬组织 电弧烧伤钢筋表面对钢筋有严重的脆化作用，特别是 HRB335、HRB400 级钢筋在低温焊接时表面烧伤，一般是发生脆性破坏的起源点	钢筋焊接时，应仔细操作，避免带电金属与钢筋相碰引起电弧。不得在非焊接部位随意引燃电弧。地线与钢筋接触应良好紧固 在外观检查中发现钢筋有烧伤缺陷时，应当予以铲除磨平，视情况焊补加固，然后进行回火处理，回火温度通常以 500～600℃ 为宜
钢筋电弧焊出现未焊透现象	焊缝金属与钢筋之间有局部未熔合，便会形成没有焊透的现象。根据未焊透产生的部位不同，可分为根部未焊透、边缘未焊透和层间未焊透等几种情况 原因分析如下： （1）在搭接焊及帮条焊中，电流不适当或操作不熟练，将会发生未焊透缺陷 （2）在坡口接头，尤其是坡口立焊接头中，如果焊接电流过小，焊接速度太快，钝边太大，间隙过小或者操作不当，焊条偏于坡口一边均会产生未焊透现象	（1）钢筋坡口加工应由专人负责进行，只许采用锯割或气割，不得采用电弧切割 （2）气割溶渣及氧化铁皮焊前需清除干净，接头组对时应严格控制各部尺寸，合格后方准焊接 （3）焊接时应根据钢筋直径大小，合理选择焊条直径 （4）焊接电流不宜过小；应适当放慢焊接速度，以保证钢筋端面充分熔合

质量通病现象	原 因 分 析	防 治 措 施
钢筋采用电弧焊时，发生脆断	焊接接头在承受拉、弯等应力时，在焊缝、热影响区域母材上发生没有塑性变形的突然断裂。断裂面通常从断裂源开始向其他方向呈放射性波纹，如图2-5所示。断裂强度一般比母材有所降低，有时甚至低于屈服强度	为了避免脆断的发生，焊接过程中不能随意在主筋非焊接部位引弧，地线应当与钢筋接触良好，以免引起此处电弧。灭弧时弧坑要填满，并且应当将灭弧点拉向帮条或者搭接端部。在坡口立焊加强焊缝焊接中，应当减小焊接电流，采用短弧等措施 在负温条件下进行帮条与搭接接头平焊时，第一层焊缝应当从中间引弧向两端运弧，使接头端部达到预热的目的
钢筋坡口采用电弧切割，焊缝的金属与钢筋之间局部不熔合	采用电弧切割的坡口不齐，钝边大，而且焊接电流过小，焊接速度快，会产生焊缝的金属与钢筋之间局部不熔合、未焊透的现象，影响焊接质量	(1) 钢筋坡口不得采用电弧切割，可采用气割或锯割，坡口面应平顺，切口边缘不得有裂纹、缺棱和钝边。钢筋坡口焊接头尺寸要求，如图2-6所示 (2) 钢筋接头组对时应严格控制各部位尺寸，合格后才能焊接。钢筋坡口焊接几个接头轮流施焊，焊接电流不宜过小，应适当放慢焊接速度以确保焊接面充分熔合。焊缝根部、坡口端面以及钢筋与钢板之间均应熔合，钢筋与钢垫板之间应加焊2~3层侧面焊缝，以提高接头强度，保证焊接质量
带肋钢筋套筒挤压接头，钢筋进入钢套筒长度不足	钢筋伸入钢套筒长度不足，一方面达不到钢筋插入深度的要求，另一方面影响钢筋受力性能和接头质量	(1) 钢筋连接端应划出明显的定位标记，确保在挤压时和挤压后可按定位标记检查钢筋伸入钢套筒的长度 (2) 挤压操作时，插入套筒钢筋端部离套筒长度中点不宜超过1cm (3) 挤压时挤压机与钢筋轴线应保持垂直，挤压宜从套筒中央开始，并依次向两端挤压，这样有利于控制接头质量；且宜先挤压一端套筒，在施工现场插入待接钢筋后再挤压另一端套筒

质量通病现象	原 因 分 析	防 治 措 施
同一构件内的焊接接头没有错开或错开错误，接头距钢筋弯点不对	同一构件内钢筋焊接接头没有错开，导致钢筋接头过多，钢筋间距相对减小，削弱了混凝土握裹层厚度，使劈裂裂缝相对集中，容易造成裂缝贯通，钢筋的粘结强度受到影响	焊接接头应按以下要求设置： (1) 钢筋接头的位置应符合设计和施工方案要求。有抗震设防要求的结构中，梁端、柱端箍筋加密区范围内不应进行钢筋搭接。接头末端至钢筋弯起点的距离不应小于钢筋直径的10倍 (2) 当纵向受力钢筋采用机械连接接头或焊接接头时，同一连接区段内纵向受力钢筋的接头面积百分率应符合设计要求；当设计无具体要求时，应符合下列规定： 1) 受拉接头，不宜大于50%；受压接头，可不受限制 2) 直接承受动力荷载的结构构件中，不宜采用焊接；当采用机械连接接头时，不应超过50% (3) 当纵向受力钢筋采用绑扎搭接接头时，接头的设置应符合下列规定： 1) 接头的横向净间距不应小于钢筋直径，且不应小于25mm 2) 同一连接区段内，纵向受拉钢筋的接头面积百分率应符合设计要求；当设计无具体要求时，应符合下列规定： ①梁类、板类及墙类构件，不宜超过25%；基础筏板，不宜超过50% ②柱类构件，不宜超过50% ③当工程中确有必要增大接头面积百分率时，对梁类构件，不应大于50% (4) 梁、柱类构件的纵向受力钢筋搭接长度范围内箍筋的设置应符合设计要求；当设计无具体要求时，应符合下列规定： 1) 箍筋直径不应小于搭接钢筋较大直径的1/4 2) 受拉搭接区段的箍筋间距不应大于搭接钢筋较小直径的5倍，且不应大于100mm 3) 受压搭接区段的箍筋间距不应大于搭接钢筋较小直径的10倍，且不应大于200mm 4) 当柱中纵向受力钢筋直径大于25mm时，应在搭接接头两个端面外100mm范围内各设置两个箍筋，其间距宜为50mm

质量通病现象	原 因 分 析	防 治 措 施
焊接接头处轴线弯折或轴线偏心过大，并有烧伤及裂纹	（1）钢筋端部下料弯曲过大，清理不干净或端面不平；钢筋安装不正，轴线偏移，机具损坏，卡具安装不紧，造成钢筋晃动和位移；焊接完成后，接头未经充分冷却 （2）焊接工艺方法应用不当，焊接参数选择不合适，操作技术不过关	（1）焊接前应矫正或切除钢筋端部过于弯折或扭曲的部分，并予以清除干净，钢筋端面应磨平 （2）钢筋加工安装应由持证焊工进行，安装钢筋时要注意钢筋或夹具轴线是否在同一直线上，钢筋是否安装牢固，过长的钢筋安装时应有置于同一水平面的延长架，如机具损坏，特别是焊接夹具垫块损坏应及时修理或更换，经验收合格后方准焊接 （3）根据《钢筋焊接及验收规程》（JGJ 18—2012）合理选择焊接参数，正确掌握操作方法。焊接完成后，应视情况保持冷却 1～2min 后，待接头有足够的强度时再拆除机具或移动 （4）焊工必须持有上岗证，钢筋焊接前，必须根据施工条件进行试焊，合格后方可施焊 （5）焊接完成后必须坚持自检；对接头弯折和偏心超过标准的及未焊透的接头，应切除热影响区后重新焊接或采取补强焊接措施；对脆性断裂的接头应按规定进行复验，不合格接头应切除热影响区后重新焊接

质量通病现象	原 因 分 析	防 治 措 施
钢筋插入钢套筒的长度不够、压痕明显不均	由于未检查钢筋伸入套筒的长度、未按钢筋伸入位置标志挤压、套筒上未标明压痕标志线，或者挤压时压模与检查标志不对正（图2-7）等原因，会使高的钢筋插入钢套筒的长度不够及压痕明显不均	（1）施工前，在钢筋上做好定位标志及检查标志。定位标志距钢筋端部的距离为套筒长度的一半，检查标志与定位标志距离为 a，当钢套筒的长度小于 200mm 时，a 取 10mm；当钢套筒长度等于或者大于 200mm 时，a 取 15mm （2）严格按照套筒上的压痕分格线挤压，挤压时，压钳的压接应当对准套筒压痕标志，并且垂直于被压钢筋轴线，挤压应从套筒中央逐道向端部压接
锥螺纹连接用力矩扳手与质量检查用力矩扳手混用	（1）力矩扳手是连接钢筋和检验接头连接质量的定量工具，可以保证钢筋连接质量，但是如果使用精度不符合要求或使用的力矩扳手没有合格证，则不能保证接头质量 （2）平时不注意保管好力矩扳手，容易损坏；使用频繁、使用时间长，精度也可能发生变化 （3）质检用的与施工用的力矩扳手混用，不能保证质检用的力矩扳手的精度	（1）力矩扳手应由具有生产计量器具许可证的工厂加工制造，产品出厂时应有产品出厂合格证，力矩扳手的精度为±5%，要求每半年用扭力仪检定一次。考虑到力矩扳手的使用次数不一样，可根据需要将使用频繁的力矩扳手提前检定 （2）使用力矩扳手时要轻拿轻放，不准用力矩扳手当锤子或撬棍使用，不许坐、踏。不用时应将力矩扳手调到零刻度，以保持力矩扳手的精度 （3）质检用的力矩扳手与施工用的力矩扳手应分开使用，不得混用，以保证验收的准确性和权威性

质量通病现象	原 因 分 析	防 治 措 施
挤压接头不做外观检验和抽验	如果施工现场技术人员不按规定对挤压接头做外观检验，就无法保证接头质量符合要求，使不合格接头用于工程上，无法控制施工质量	（1）挤压接头施工时，有关人员、挤压设备、挤压操作和质量检验均应符合《钢筋机械连接技术规程》（JGJ 107—2010）的规定 （2）检验挤压接头时，外观质量应在自检基础上，每批随机抽取10%的接头做外观检验。钢套筒必须有原材料试验单，其化学和力学性能应符合要求 （3）应对钢筋与套筒进行试套；如果钢筋有弯折、马蹄或纵肋尺寸过大的现象，应预先矫正或用砂轮打磨 （4）套筒应有出厂合格证；套筒在运输和储存过程中，应按不同规格分别堆放；对不同直径钢筋的套筒不得相互串用 （5）为了检查钢筋插入套筒的长度，钢筋端头必须用油漆做好标志 （6）挤压套筒时，挤压机应与钢筋轴线保持垂直，否则挤出接头可能产生弯折现象。接头处的弯折不得大于 4°，因此插入钢筋后，上端自由端必须固定在套板上，不能让待压接头摆动过大，保证待压钢筋与原有钢筋轴心对直，这样可以有效消除冷压的弯折现象 （7）挤压接头不得有凹坑、裂缝、劈裂，压接道数和压痕分布应符合规定 （8）在外观检查的基础上，然后分批进行机械性能检验，以 500 个相同规格、相同制作条件的接头为一批，每批随机抽取 3 个试件进行抗拉强度试验。当连续 3 个验收批合格后，可以 1000 个相同规格、相同制作条件的接头为一个验收批进行检验

质量通病现象	原 因 分 析	防 治 措 施
锥螺纹接头套丝丝扣有损坏	(1) 钢筋切断方法不对；加工完丝扣后没有按规定进行保护 (2) 接头的拧紧力矩值没有达到标准或漏拧	(1) 应用砂轮片切割机下料以保证钢筋断面与钢筋轴线垂直，不宜用气割切断钢筋 (2) 钢筋套丝质量必须逐个用牙形规与卡规检查，经检查合格后，应立即将其一端拧上塑料保护帽，另一端按规定的力矩值，用扭力扳手拧紧连接套 (3) 连接之前应检查钢筋锥螺纹及连接套锥螺纹是否完好无损；发现丝头上有杂物或锈蚀，可用铁刷清除；同径或异径接头连接时，应采用二次拧紧连接方法；单向可调、双向可调接头连接时，应采用三次拧紧方法；连接水平钢筋时，必须先将钢筋托平对正，用手拧紧，再按规定的力矩值，用力矩扳手拧紧接头 (4) 连接完的接头必须立即用油漆做上标记，防止漏拧 (5) 对丝扣有损坏的，应将其切除一部分或全部重新套丝，对外露丝扣超过一个完整扣的接头，应重新拧紧接头或进行加固处理，加固处理方法可采用电弧焊贴角焊缝补强；补焊的焊缝高度不得小于 5mm，焊条可采用 E5015；当连接钢筋为 HRB400 级钢筋时，必须先做可焊性试验，经试验合格后方可采用焊接补强方法

质量通病现象	原 因 分 析	防 治 措 施
钢筋锥螺纹接头的套筒表面无标记，进场后没有复检钢筋丝头的外观质量，丝头无保护措施	（1）由于参与施工的操作工人、技术质量管理人员没有经过技术规程培训，没有执行持证上岗的作业制度，因此对进场接头没有进行复检，一旦使用的套筒表面无标记就可能造成不同规格的套筒混用 （2）进场的丝头无保护措施，容易在堆放、搬运、吊装过程中弄脏或碰坏丝头，直接影响钢筋锥螺纹接头的连接质量	（1）凡参与接头施工的操作工人、技术管理和质量管理人员，均应参加技术规程培训；操作工人应经考核合格后持证上岗。连接钢筋时，应对连接套的出厂合格证和钢筋锥螺纹加工检验记录进行检查 （2）操作工人应按质量标准要求逐个检查钢筋丝头的外观质量，同时随机抽取同规格接头数的10％进行检查。钢筋规格和连接套的规格应一致，接头丝扣无完整丝扣外露；如果发现外露超过一个完整扣，应进行加固处理 （3）锥螺纹丝头应牙形饱满，无断牙、秃牙缺陷，且与牙形规的牙形吻合，表面光洁，无损伤和油污，小端直径也在规范之内 （4）套筒表面应有标记，并按规格分类堆放，不同技术参数的接头不能混用，以免出现质量问题 （5）为避免在堆放、搬运、吊装过程中弄脏或碰坏钢筋丝头，经检验合格的丝头必须一端戴上塑料保护帽，另一端与规格匹配的连接套拧紧。为确保接头质量和锥螺纹的加工质量，必须保持钢筋丝头和连接套螺纹干净、完好无损
钢筋电阻点焊的焊接参数选择不当	点焊时未经过试验选择焊接参数，电流过小，通电时间太短，其焊点周围熔化铁液挤压不饱满，焊点强度低，造成二次补焊等质量问题	（1）应经过试验选择焊接参数，试样经试验合格后才能正式投入生产。钢筋点焊时应经常检查各焊点的焊接电流和焊接通电时间，也应注意钢筋焊接间距是否会产生电流分流现象，如果有此现象，为了解决由于电流分流而降低焊接强度的问题，应适当增大电流或延长通电时间

质量通病现象	原 因 分 析	防 治 措 施
钢筋电阻点焊的焊接参数选择不当	点焊时未经过试验选择焊接参数，电流过小，通电时间太短，其焊点周围熔化铁液挤压不饱满，焊点强度低，造成二次补焊等质量问题	（2）对于已经脱点的钢筋电阻点焊制品，应采取补救措施：重新调整焊接参数，增大焊接电流，延长通电时间，增大电极挤压力，进行二次补焊试焊。在其制品上截取双倍试样试验，合格后才能按二次补焊所用的焊接参数进行正式补焊 （3）当采用 DN3-75 型气压式点焊机焊接 HPB300 钢筋或 CDW550 钢丝时，焊接通电时间应符合表 2-11 的规定，电极压力应符合表 2-12 的规定

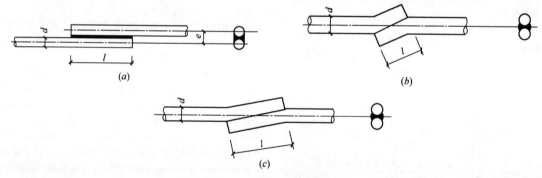

图 2-1　钢筋搭接焊接头

（a）没有预弯的钢筋搭接焊（双面焊或单面焊）；（b）预弯的钢筋双面焊接头；（c）预弯的钢筋单面焊接头

d—钢筋直径；l—搭接长度；e—偏心距

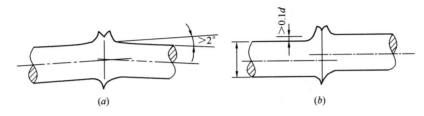

图 2-2 接头弯折和偏心

（a）弯折；（b）偏心

连续闪光焊焊接钢筋直径上限 表 2-6

焊机容量/kVA	钢筋牌号	钢筋直径/mm
160 （150）	HPB300	22
	HRB335、HRBF335	22
	HRB400、HRBF400	20
100	HPB300	20
	HRB335、HRBF335	20
	HRB400、HRBF400	18
80 （75）	HPB300	16
	HRB335、HRBF335	14
	HRB400、HRBF400	12

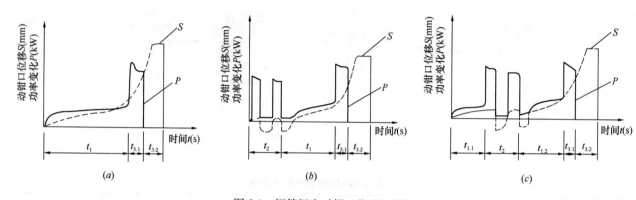

图 2-3　钢筋闪光对焊工艺过程图解

(a) 连续闪光焊；(b) 预热闪光焊；(c) 闪光—预热闪光焊

S—动钳口位移；P—功率变化；t_1—烧化时间；$t_{1.1}$——一次烧化时间；$t_{1.2}$—二次烧化时间；t_2—预热时间；

$t_{3.1}$—有电顶锻时间；$t_{3.2}$—无电顶锻时间

连续闪光焊参数　　　　　　　　　　　　　　　　　　　　　　　　　　　　表 2-7

钢筋级别	钢筋直径/mm	带点顶锻留量/mm	无电顶锻留量/mm	总顶锻留量/mm
HPB300～HRB400	10～12	1.5	3.0	1.5
	14	1.5	3.0	4.5
	16	2.0	3.0	5.0
	18	2.0	3.0	5.0
	20	2.0	3.0	5.0
	22	2.0	3.0	5.0

闪光-预热-闪光焊顶锻留量

钢筋级别	钢筋直径/mm	带点顶锻留量/mm	无电顶锻留量/mm	总顶锻留量/mm
HPB300～HRB400	22	1.5	3.5	5.0
	25	2.0	4.0	6.0
	28	2.0	4.0	6.0
	30	2.5	4.0	6.5
	32	2.5	4.5	7.0
	36	3.0	5.0	8.0

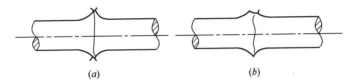

(a)　　　　　　　　(b)

图 2-4　不同塑性变形的接头

（a）正常；（b）不正常

钢筋闪光对焊工艺过程及适用范围

表 2-9

工艺名称	工艺及适用条件	操作方法
连续闪光焊	连续闪光顶锻 适用于直径 18mm 以下的 HPB300、HRB335、HRB400 级钢筋	（1）先闭合一次电路，使两钢筋端面轻微接触，促使钢筋间隙中产生闪光，接着徐徐移动钢筋，使两钢筋端面仍保持轻微接触，形成连续闪光过程 （2）当闪光达到规定程度后（烧平端面，闪掉杂质，热至熔化），即以适当压力迅速进行顶锻挤压

工艺名称	工艺及适用条件	操作方法
预热闪光焊	预热、连续闪光顶锻 适用于直径 20mm 以上的 HPB300、HRB335、HRB400 级钢筋	(1) 在连续闪光前增加一次预热过程，以扩大焊接热影响区 (2) 闪光与顶锻过程同连续闪光焊
闪光—预热—闪光焊	一次闪光、预热二次闪光、顶锻 适用于直径 20mm 以上的 HPB300、HRB335、HRB400 级钢筋及 HRB 500 级钢筋	(1) 一次闪光：将钢筋端面闪平 (2) 预热：使两钢筋端面交替地轻微接触和分开，使其间隙发生断续闪光来实现预热，或使两钢筋端面一直紧密接触用脉冲电流或交替紧密接触与分开，产生电阻热（不闪光）来实现预锻 (3) 二次闪光与顶锻过程同连续闪光焊
电热处理	闪光、预热-闪光，通电热处理 适用于 HRB500 级钢筋	(1) 焊毕松开夹具，放大钳口距，再夹紧钢筋 (2) 焊后停歇 30～60s，待接头温度降至暗黑色时，采取低频脉冲通电加热（频率 0.5～1.5 次/s，通电时间 5～7s） (3) 当加热至 550～600℃呈暗红色或橘红色时，通电结束松开夹具

焊条直径与焊接电流的选择
表 2-10

帮焊条、搭接焊

焊接位置	钢筋直径/mm	焊条直径/mm	焊接电流/A
平焊	10～12	3.2	90～130
	14～22	4.0	130～180
	25～32	5.0	180～230
	36～40	5.0	190～240

帮焊条、搭接焊			
焊接位置	钢筋直径/mm	焊条直径/mm	焊接电流/A
立焊	10～12	3.2	80～110
	14～22	4.0	110～150
	25～32	5.0	120～170
	36～40	5.0	170～220

坡口焊			
焊接位置	钢筋直径/mm	焊条直径/mm	焊接电流/A
平焊	16～20	3.2	140～170
	22～25	4.0	170～190
	28～32	5.0	190～220
	36～40	5.0	200～230
立焊	16～20	3.2	120～150
	22～25	4.0	150～180
	28～32	5.0	180～200
	36～40	5.0	190～210

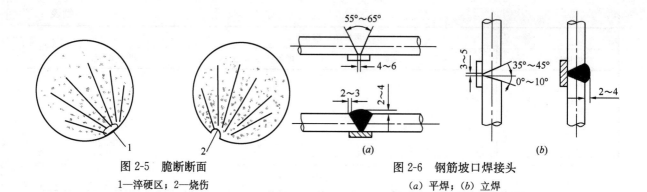

图 2-5　脆断断面

1—淬硬区；2—烧伤

图 2-6　钢筋坡口焊接头

（a）平焊；（b）立焊

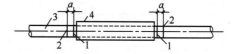

图 2-7　钢筋定位标志和检查标志

1—定位标志；2—检查标志；3—钢筋；4—钢套筒

焊接通电时间（s）　　　　　　　　　　　　　　　　　　　　　　表 2-11

变压器级数	较小钢筋直径/mm						
	4	5	6	8	10	12	14
1	1.10	0.12	—	—	—	—	—
2	0.08	0.07	—	—	—	—	—

变压器级数	较小钢筋直径/mm						
	4	5	6	8	10	12	14
3	—	—	0.22	0.70	1.50	—	—
4	—	—	0.20	0.60	1.25	2.50	4.00
5	—	—	—	0.50	1.00	2.00	3.50
6	—	—	—	0.40	0.75	1.50	3.00
7	—	—	—	—	0.50	1.20	2.50

注：点焊 HRB335、HRBF335、HRB400、HRBF400、HRB500、HRBF500 或 CRB500 钢筋时，焊接通电时间可延长 20%～25%。

电极压力（N）　　　　　　　　　　　　　　　　　　表 2-12

较小钢筋直径/mm	HPB300	HRB335　HRBF335 HRB400　HRBF400 HRB500　HRBF500 CRB500　CDW550
4	980～1470	1470～1960
5	1470～1960	1960～2450
6	1960～2450	2450～2940
8	2450～2940	2940～3430
10	2940～3920	3430～3920
12	3430～4410	4410～4900
14	3920～4900	4900～5800

2.1.4 钢筋安装

为了保证钢筋安装的质量，要求相关工作人员必须熟悉质量问题的现象和防治方法。常见的钢筋安装质量问题列于表 2-13 中。

钢筋安装质量通病分析及防治措施   表 2-13

质量通病现象	原 因 分 析	防 治 措 施
混凝土结构构件拆模时表面露筋	由于保护层砂浆垫块垫得太稀或脱落、钢筋成型尺寸不准确、钢筋骨架绑扎不当或振动器撞击钢筋等原因，钢筋骨架布局会抵触模板，钢筋会发生移位或引起绑扣松散，从而导致混凝土结构构件拆模时发现表面有露筋现象	砂浆垫块垫得适量可靠；对于竖立钢筋，可选用埋有铁丝的垫块，绑在钢筋骨架外侧；同时，为使保护层厚度准确，需用铁丝将钢筋骨架拉向模板，挤牢垫块；图 2-8 所示竖立钢筋虽然用埋有铁丝的垫块垫着，垫块与钢筋绑在一起却不能避免它向内侧倾倒，所以需用铁丝将其拉向模板挤牢，以免解决露筋缺陷的同时，使得保护层厚度超出允许偏差。另外，钢筋骨架如果是在模外绑扎，要控制好它的总外形尺寸，不应超过允许偏差 范围不大的轻微露筋可采用灰浆堵抹；露筋部位附近混凝土出现麻点的，应沿周围敲开或凿掉，直到看不到孔眼为止，然后用砂浆抹平。为确保修复灰浆或砂浆与混凝土接合可靠，原混凝土面要用水冲洗、用铁刷子刷净，使表面没有粉层、砂粒或残渣，并在表面保持湿润的情况下补修。重要受力部位的露筋应经过技术鉴定后，按照露筋严重程度采取措施补救，以封闭钢筋表面（采用树脂之类材料涂刷）避免其锈蚀为前提，影响构件受力性能的应对构件进行专门加固

质量通病现象	原 因 分 析	防 治 措 施
柱、梁、板、墙主筋位置及保护层偏差超标	(1) 钢筋未严格按设计尺寸安装 (2) 浇捣混凝土过程中钢筋被机具碰歪撞斜，没有及时校正，或被操作人员踩踏、砸压或振捣混凝土时直接顶撬钢筋，造成钢筋位移	(1) 钢筋绑扎或焊接必须牢固，固定钢筋措施可靠有效。为使保护层厚度准确，垫块要沿主筋方向摆放，位置、数量准确。对柱头外伸主筋部分要加一道临时箍筋，按图纸位置绑扎好，然后用 $\phi 8 \sim \phi 10$ 钢筋焊成的井字形铁卡固定。对墙板钢筋应设置可靠的钢筋定位卡 (2) 混凝土浇捣过程中应采取措施，尽量不碰撞钢筋，严禁砸压、踩踏钢筋和直接顶撬钢筋。浇捣过程中要有专人随时检查钢筋位置，及时校正
绑扎搭接接头松脱	搭接处没有扎牢，或搬运时碰撞、压弯接头处，导致在钢筋骨架搬运过程中或振捣混凝土时，发现绑扎搭接接头松脱	钢筋搭接处应用铁丝扎紧。扎结部位在搭接部分的中心和两端，共三处；搬运钢筋骨架应轻抬轻放；尽量在模内或模板附近绑扎接头，避免搬运有搭接接头的钢筋骨架。如发现松脱，将松脱的接头再用铁丝绑紧。如条件允许，可用电弧焊焊上几点
梁上部二层钢筋下落或下垂	梁上部二层钢筋一般是用钢丝吊挂在模板的横木方上或上侧的钢筋上，有时在搬运过程或浇筑混凝土振动时会碰松或碰断钢丝，导致上部二层钢筋下落或下垂；连续梁中间支座处钢筋过于密集，布置不当，也会导致上部二层钢筋下移。致使梁截面有效高度减小，负弯矩抵抗力减小，使构件在设计荷载作用下梁上部截面产生裂缝，甚至破坏	对梁上部二层钢筋弯制一些类似开式箍筋的钢筋将它们兜起来，需要时还可以加一些S钩筋以供悬挂，如图2-9所示，其数量按照实际需要确定 对于连续梁中间支座处的钢筋要布置合理，并交底清楚，在实际施工时如果无法满足原设计要求布置钢筋时，应立即向设计院提出修改意见，以按照构件截面有效高度 浇筑混凝土过程应设置钢筋看护工，若发现上部钢筋有脱钩、松扣、下沉应及时提起修复，以防止造成隐患

质量通病现象	原 因 分 析	防 治 措 施
箍筋间距不均匀,箍筋平面与纵筋不垂直,钢筋接头处箍筋没有加密	(1) 梁内箍筋间距偏大,削弱了梁的受剪能力,尤其是弯起钢筋部分的箍筋分布太稀,或应加密的部分没有加密,对防止斜裂缝的发生极为不利,可能导致梁的脆性破坏 (2) 柱内箍筋对柱的纵筋有防止压屈、增强柱混凝土抗压能力和约束纵筋不向外凸出的套箍作用,如果箍筋间距偏大则削弱套箍作用 (3) 梁、柱箍筋与纵筋不垂直或墙内水平筋与纵筋不垂直,钢筋歪斜等易造成骨架和网片变形	(1) 箍筋应通过计算确定间距和数量,扎箍筋时应先在通长纵筋上画线,然后按线距进行绑扎。当箍筋间距有变化时,应事先交底清楚 (2) 梁、柱纵向钢筋搭接处的箍筋间距应加密,当搭接钢筋受拉时,不应大于 $5d$,且不应大于 100mm;当搭接钢筋受压时,不应大于 $10d$,且不应大于 200mm(d 为受力钢筋中的最小直径) (3) 梁支座处的箍筋应从梁边(或墙边)50mm 处开始设置。梁中箍筋的最大间距应符合表 2-14 的规定 (4) 绑扎、安装钢筋时,配置的钢筋级别、直径、间距和根数均应符合设计要求,绑扎或焊接的钢筋网和钢筋骨架不得变形、松脱或开焊
柱内纵向受力钢筋移位	(1) 下柱钢筋伸出柱顶部分移位,移位方向不固定,有的向柱子截面内移位,有的向柱子截面外移位,移位严重的可达50mm 以上,使上柱钢筋无法连接,甚至导致柱中心线位移 (2) 上柱截面收小时,下柱伸出柱顶钢筋未弯曲到位,使上柱钢筋无法连接 (3) 柱身内受力钢筋弯曲、歪斜	(1) 下柱伸出柱顶部分的钢筋应至少加一道临时箍筋,箍筋尺寸应比上柱箍筋略小,使上柱钢筋正好在外侧与下柱钢筋连接,再用铁框或木框卡住,牢靠地固定下柱伸出钢筋的位置 (2) 上柱截面收小时,下柱钢筋应预先弯好,弯曲角度正确,弯折度不超过 1/6;也可设置插筋或将上柱钢筋锚在下柱内。伸出钢筋和插筋均应按以上方法固定牢靠。上柱钢筋插入下柱时,应保证其锚固长度,并保持上柱钢筋顺直 (3) 上柱钢筋与下柱伸出钢筋应绑扎或焊接牢固。上柱与已移位的下柱伸出钢筋连接时,上柱钢筋应保持设计位置,上、下钢筋的间隙可用垫筋焊接 (4) 浇捣柱混凝土时,严禁拆除柱顶的固定框架和临近箍筋,不得强行弯折伸出钢筋,注意保持伸出筋的正确位置,不得用振动器振撬柱子纵筋,以免绑扎松扣和水泥垫块脱落

质量通病现象	原 因 分 析	防 治 措 施
梁箍筋被压弯	梁的高度较大，但图纸上未设纵向构造钢筋和拉筋，导致梁的钢筋骨架绑成后，未经搬运，箍筋即被骨架本身重量压弯	当梁的截面高度超过700mm时，在梁的两侧面沿高度每隔300～400mm应设置一根直径不小于10mm的纵向构造钢筋；纵向构造钢筋用拉筋联系。拉筋直径一般与箍筋相同，每隔3～5个箍筋放置一个拉筋。拉筋一端弯成半圆弯钩，另一端做成略小于直角的直钩。绑扎时先把半圆弯钩挂上，再将另一端直钩钩住扎牢。若被压弯，则将箍筋被压弯的钢筋骨架临时支上，补充纵向构造钢筋和拉筋
梁、板的受拉钢筋上移	由于梁、板底部水泥垫块太厚或垃圾未清理干净，导致保护层过厚，受拉钢筋上移，有效高度减小，梁、板在该截面处的抵抗弯矩也减小，使梁、板在荷载作用下产生严重裂缝或挠度增大。如果有效高度减小太多，构件会被破坏或断裂	（1）梁、板底部的受拉钢筋要用规定厚度的预制水泥垫块垫稳，不能将两块薄垫块合成一块使用，也不得用石子、碎砖代替，垫块间距为1m左右。板底垫块应放在钢筋交叉底部 （2）要严格控制梁、板的截面有效高度 （3）钢筋绑扎、安装完成后，必须认真进行隐蔽工程验收，仔细检查钢筋的位置，如果有移位应及时修复
平板钢筋网主副钢筋位置上下放反	构件施工时因为操作人员疏忽，将钢筋网主、副钢筋位置上下放反。如图2-10所示的平板，按照施工图要求应如图2-10（a）所示，而操作时却按图2-10（b）放钢筋网（其中对于简支板，1号钢筋为主筋，2号为副筋），浇筑混凝土后，导致截面有效高度h_0减小，承载力降低	钢筋绑扎前，施工管理人员应向操作工人班组进行技术交底，将主、副筋的位置交代清楚。加强钢筋绑扎安装的自检和隐蔽工程验收，查出主、副筋放反时应该拆除重新安装绑扎，对已经浇筑混凝土后才发现时，须通过设计单位复核其承载能力，再确定是否采取加固措施或减轻外荷载

质量通病现象	原 因 分 析	防 治 措 施
箍筋间距不一致	图纸上所注间距为近似值，按近似值绑扎，则间距或根数有出入，导致按图纸上标注的箍筋间距绑扎梁的钢筋骨架，最后发现末一个间距与其他间距不一致，或实际所用箍筋数量与钢筋材料表上的数量不符	根据构件配筋情况，预先算好箍筋实际分布间距，供绑扎钢筋内架时作为依据。如箍筋已绑扎成钢筋骨架，则根据具体情况，适当增加一个或两个箍筋
柱箍筋接头位置同向	因为绑扎柱钢筋骨架时疏忽，使柱箍筋接头（即弯钩交搭处）位置方向相同，重复交搭于一根或两根纵筋上图2-11（a），导致浇捣混凝土时，绑扣容易松脱，箍筋开口下滑，钢筋移位，影响构件的受力性能	安装操作时互相提醒，应按照图2-11（b）将接头位置错开绑扎。当检查发现箍筋接头位置同向时，应当相应解开几个箍筋，转过方向，重新绑扎，以求上下接头互相错开
悬臂梁、板的负弯矩钢筋下移	由于悬臂梁、板的负弯矩钢筋处的撑筋或支架高度不够、数量太少或未扎牢，会产生偏位、脱落，导致负弯矩钢筋下移、有效高度减小、弯矩抵抗力减小，造成梁、板的破坏。最常发生的是板上负弯矩钢筋在受到外力作用时而下移，如在浇捣混凝土时被踏扁，甚至沉到板底，会造成雨篷坍塌	（1）负弯矩钢筋应有可靠的固定措施，板内负弯矩钢筋可用撑筋，也可用铁丝吊在楞木上，利用一些套箍或钢筋制成的支架将双层网片的上、下网片绑在一起，形成整体。负弯矩钢筋必须扎牢 （2）板内预埋管应在弯矩钢筋之上、负弯矩钢筋之下，防止将负弯矩钢筋压弯下移 （3）对板内主副筋的正反方向和连续梁中间支座处的钢筋布置等易出错构件的钢筋布置，必须交底清楚，尽量做好标注，避免产生差错 （4）钢筋绑扎、安装完成后，必须认真进行隐蔽工程验收，仔细检查负弯矩钢筋的位置。在浇捣混凝土时注意保护钢筋，避免钢筋变形、移位，并不得随意移动钢筋 （5）如果按照原设计要求布置的钢筋在实际施工时无法满足其有效高度，应及时向设计单位提出修改意见，以确保构件内钢筋的有效高度

质量通病现象	原 因 分 析	防 治 措 施
梁、板内弯起钢筋弯起点移位	（1）弯起钢筋加工时起弯点误差尺寸太大 （2）混淆了规格、尺寸相近但起弯点不同的弯起钢筋 （3）绑扎时不重视弯起钢筋的位置，起弯点不准 （4）两头都弯起、不完全对称的弯起钢筋方向搞错 （5）悬臂梁弯起钢筋上下颠倒 由于上述情况削弱了构件的抗弯矩能力，发生受弯破坏，在斜拉力的作用下，斜裂缝与弯起钢筋不相交，弯起钢筋无法起到抵抗斜拉力的作用，易发生斜拉破坏	（1）绑扎钢筋前应认真交底，弄清楚各种弯起钢筋的方向、用途和梁、板上的起弯点位置，应避免方向放反和上下位置颠倒 （2）弯起钢筋前排（对支座而言）的起弯点至后一排钢筋终弯点的距离，不应大于箍筋的最大间距；第一排弯起钢筋的终弯点至支座边缘的距离不应大于50mm （3）要精心施工，绑扎时应在起弯点位置上做好记号，起弯点位置误差不得大于20mm （4）要加强隐蔽工程验收，发现起弯点位置偏移的情况要及时处理 （5）浇捣混凝土时应配备专人"看钢筋"，如果有移位要及时修复
配筋重叠层次多	由于配筋重叠层次多，导致钢筋骨架宽度或高度偏大，发生混凝土保护层厚度小、露筋，甚至骨架放不进模板的现象	（1）加强对配筋重叠处的图纸审查工作，绑扎之前事先发现症结所在，即予纠正（某些钢筋形状、尺寸设计不当者，还应在下料前重新画出图样） （2）将已绑好的骨架中重叠层影响保护层部分的钢筋拆出，改变形状或尺寸再绑扎；对已浇筑成型的构件，发现有露筋的部位，可用砂浆或环氧树脂进行封闭处理

质量通病现象	原 因 分 析	防 治 措 施
墙体钢筋移位	墙体上下层连接钢筋移位，单片网片紧挨模板不居中，影响了楼板及上、下层墙体连接的整体性。有的门、窗洞口两侧的加强筋移位，影响支模 原因分析如下： （1）钢筋网片变形，大多是混凝土工为了操作方便，随意扳动墙体上部的伸出筋，事后又未整理复位 （2）洞口加强筋偏移，主要是因钢筋没有调直就绑扎（特别是电梯井门洞口，容易左右偏移）；垫块没有认真设置，振捣混凝土时钢筋位置亦容易偏移 （3）双排筋中间未绑定位连接筋 （4）预制钢筋网片因堆放、吊运不当而变形 （5）由于钢筋过细，网片不易挺立，固定位置困难而发生偏移 （6）混凝土振捣时碰击钢筋，甚至箍筋振松张开，使立筋位移	（1）严禁扳动墙体网片连接筋。大模上口最好设置卡子，固定墙体网片连接筋的位置，防止连接筋进入楼板压墙长度范围内。在浇筑混凝土时，应确保钢筋位置正确 （2）网片上口多绑垫块，其间距不应大于 1m，垫块的大面要朝向模板面 （3）设专用支架堆放预制钢筋网片，用专用吊具吊装网片，确保网片在堆放和吊运过程中不变形 （4）绑扎门口两侧钢筋时，应用线坠吊直，保证钢筋位置和门口尺寸准确 （5）双排网片要绑扎定位连接筋，单排网片亦要绑扎"〔"形定位筋（用 $\phi8$ 钢筋弯制），确保网片位置正确

质量通病现象	原 因 分 析	防 治 措 施
钢筋接头位置不正确，同一截面接头过多，绑扎搭接过长	（1）不明确钢筋处于受拉区还是受压区，如地下室底板 （2）配料时没有根据原材料情况合理配置下料 （3）配料时忽视了规范关于接头种类、所处的区域、构造等规定 （4）配料时忽视了构件同一截面范围的规定	（1）钢筋所处受力区域模糊的应请设计单位明确 （2）配料时应统筹考虑，长料长用，短料短用，避免浪费 （3）准确理解规范的有关规定，认真仔细阅读理解图纸及构造要求 （4）如出现此类问题，一般应拆除骨架或抽出有问题的钢筋返工处理，如返工影响过大，可用帮条焊或将绑扎搭接改为电弧焊接
钢筋的保护层不均匀，偏大或偏小	（1）配料时疏忽，箍筋尺寸偏大或偏小 （2）保护层垫块漏放 （3）绑扎工程中常常为了施工将梁钢筋骨架下放的方便或随意绑扎而导致钢筋骨架的尺寸过小而导致保护层过大	（1）箍筋配料时应根据钢筋的保护层要求，精确的计算翻样，保证箍筋尺寸的准确 （2）垫块漏放的应补放 （3）绑扎施工过程中除梁柱节点附近以外，其他部位的箍筋必须四角绑扎
钢筋走位、变形	（1）绑扎不正确，如绑扎墙柱箍筋不设工作平台而人站立于墙柱箍筋上自下而上进行施工；绑扣不呈八字形；箍筋弯钩叠合处未交错布置，致使墙柱钢筋走位偏斜，倒向一边	（1）绑扎墙柱钢筋必须搭设工作平台，禁止沿已绑扎好的钢筋攀沿作业，墙板钢筋网四周两行、箍筋四角交叉点处均应每点扎牢，相邻绑扣必须呈八字形，箍筋弯钩叠合处必须交错布置 （2）在钢筋密集复杂的部位应按程序顺序施工，先梁底模后绑扎钢筋，再封侧模的顺序施工

质量通病现象	原 因 分 析	防 治 措 施
钢筋走位、变形	（2）在墙柱梁钢筋密集复杂处未考虑模板与钢筋工序的顺序，一律先支完模再穿放钢筋绑扎，导致钢筋绑扎困难，钢筋位置难以保证 （3）工人绑扎马虎忽略了纵横向钢筋应相互垂直，当不垂直时没有及时校正后绑扎 （4）钢筋固定不当 （5）混凝土施工浇筑过程中成品保护不当，任意踩踏，尤其是挑檐、阳台、雨篷等悬臂板负筋被踩下，混凝土振捣过程中振捣棒直接对梁柱墙钢筋振捣使主筋偏位 （6）加工前钢筋未调直、加工后成品保护不当或吊运过程中导致钢筋变形	（3）纵横向钢筋必须垂直就位后绑扎 （4）楼板面层钢筋必须设置足够的撑铁以保证其高度的位置准确，负筋弯钩加工的尺寸必须加工准确；柱主筋除根部设箍筋与梁板筋焊接固定外，还得在其上部设不少于三道箍筋以保证主筋的位置；梁双排钢筋在绑扎时应在排间设直径不小于 25mm 的短筋以保证设计间距；墙筋在绑扎验收合格后，用电焊将最上一层水平筋与立筋点焊，同时将拉结筋拉结点处点焊，对于墙体门洞处，为了防止整体走位及门窗洞的偏移，把绑扎好的暗柱部位的水平筋平头放好，根据转角处与门洞主筋的间距，将水平筋的一端与转角处第一根主筋平齐，另外一端紧套门窗暗柱，这样就能准确保证相应的墙肢的长度；绑扎梁筋时还应注意保证暗柱的垂直度，保证上下口的宽度一致，再将梁筋与暗柱筋绑扎牢固 （5）浇筑混凝土的过程中，钢筋班组应设专人值班，随时处理防止钢筋被践踏与浇筑振捣破坏 （6）钢筋加工前应调直，加工好后应注意作好成品保护，防止人为踩踏、机动车辆碾压变形，吊运过程中应检查吊点及起吊后钢筋的变形，如试吊时发现变形过大，则应调整吊点位置，使钢筋的变形降至最小

质量通病现象	原 因 分 析	防 治 措 施
柱子外伸钢筋错位	下柱外伸钢筋从柱顶甩出，由于位置偏离设计要求过大，与上柱钢筋搭接不上 原因分析如下： （1）钢筋安装后虽已自检合格，但由于固定钢筋措施不可靠，发生变位 （2）浇筑混凝土时被振动器或其他操作机具碰歪撞斜，没有及时校正	（1）在外伸部分加一道临时箍筋，按图纸位置安好，然后用样板、铁卡或木方卡好固定；浇筑混凝土前再复查一遍，如发生移位，则应校正后再浇筑混凝土 （2）注意浇筑操作，尽量不碰撞钢筋，浇筑过程中由专人随时检查，及时校正
箍筋代换后截面不足	配料时对横向钢筋作钢筋规格代换，通常是箍筋和弯起钢筋结合考虑，如果单位长度内的箍筋全截面面积比原设计小，说明配料时考虑了弯起钢筋的加大。有时由于疏忽，容易忘记按加大的弯起钢筋数计算配料单，这样，在弯起钢筋不变的情况下，意味着箍筋截面不足	配料时，作横向钢筋代换后立即书写箍筋和弯起钢筋的配料单，并要附写代换具体情况交绑扎钢筋的班组；绑扎钢筋人员发现箍筋截面不足时，应注意弯起钢筋是否加大
钢筋骨架的混凝土保护层砂浆垫块垫得太稀或脱落	钢筋的混凝土保护层对保证钢筋混凝土共同工作，防止钢筋锈蚀，增加耐久性具有重要作用。由于钢筋的混凝土保护层砂浆垫块垫的太稀或绑扎不牢，振动器撞击钢筋，绑扣松散，垫块脱落，使钢筋移位，造成结构或构件拆模时混凝土表面露钢筋，如果悬臂构件（阳台、雨棚等）的受力钢筋移位，将导致板面裂缝，甚至发生阳台或雨棚的坍塌事故	在绑扎钢筋骨架时控制好外形尺寸，制作预埋铅丝的砂浆垫块，绑在钢筋骨架外侧，再用铅丝将钢筋骨架拉向模板，将垫块挤牢。垫块的数量应适量、布置均匀、绑扎可靠。浇捣混凝土时，随时检查钢筋位置是否移动，尤其是钢筋工应跟班检查，发现问题及时采取调整，补充垫块等措施，保证钢筋的混凝土保护层厚度符合要求 受力钢筋的混凝土保护层厚度，应符合设计要求，当设计无具体要求时，不应小于受力钢筋直径，并应符合表 2-15 的规定

111

质量通病现象	原 因 分 析	防 治 措 施
双层网片移位	配有双层钢筋（这里所谓双"层"是指在构件截面上部和下部都配有钢筋，并不是通常所说"单筋构件"在受拉区的两层钢筋）网片的平板，一般常见上部网片向构件截面中部移位（向下沉落），但只有构件被碰损露筋时才能发现 原因分析如下： （1）网片固定方法不当 （2）振捣碰撞 （3）绑扎不牢 （4）被施工人员踩踏	（1）利用一些套箍或各种"马凳"之类支架将上、下网片予以相互联系，成为整体；在板面架设跳板，供施工人员行走（跳板可支于底模或其他物件上，不能直接铺在钢筋网片上） （2）当发现双层网片（实际上是指上层网片）移位情况时，构件已制成，因此应通过计算确定构件是否报废或降级使用（即降低使用荷载）
绑扎网片斜扭	搬运过程中用力过猛，堆放地面不平；绑扣钢筋交点太少；绑一面顺扣时方向变换太少	堆放地面要平整；搬运过程要轻抬轻放；增加绑扣的钢筋交点；一般情况下，靠外转两行钢筋交点都应绑扣，网片中间部分至少隔一交点一扣；一面顺扣要交错着变换方向绑；网片面积较大时，可用细一些的钢筋做斜向拉结
骨架外形尺寸不准	在模板外绑扎的钢筋骨架，入模时放不进去，或划刮模板。这是由于钢筋骨架外形不准，这与各号钢筋加工外形是否准确有关，如成型工序能确保各部尺寸合格，就应多在安装质量上找原因。影响安装质量有两点：多根钢筋端部未对齐；绑扎时某号钢筋偏离规定位置	绑扎时将多根钢筋端部对齐；防止钢筋绑扎偏斜或骨架扭曲将导致骨架外形尺寸不准的个别钢筋松绑，重新整理安装绑扎。切忌用锤子敲击，以免骨架其他部位变形或松扣

质量通病现象	原　因　分　析	防　治　措　施
基础钢筋倒钩	操作疏忽，绑扎过程中没有将弯钩扶起	（1）要认识到弯钩立起可以增强锚固能力，而基础厚度很大，弯钩立起并不会出现露钩现象，因此，绑扎时切记要使弯钩朝上 （2）将弯钩已平放的钢筋松扣，扶起后重绑

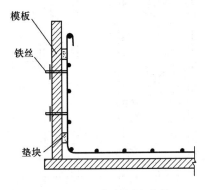

图 2-8　竖立钢筋固定垫块

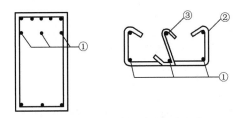

图 2-9　梁上部二层钢筋位置固定

①—梁上部二层钢筋；②—开式箍筋；③—S钩筋

梁中箍筋的最大间距（mm）

梁高 h	$V>0.7f_tbh_0+0.05N_{p0}$	$V\leqslant 0.7f_tbh_0+0.05N_{p0}$
$150<h\leqslant 300$	150	200
$300<h\leqslant 500$	200	300
$500<h\leqslant 800$	250	350
$h>800$	300	400

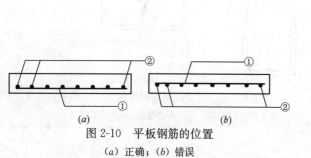

图 2-10　平板钢筋的位置

（a）正确；（b）错误

①—主筋；②—副筋

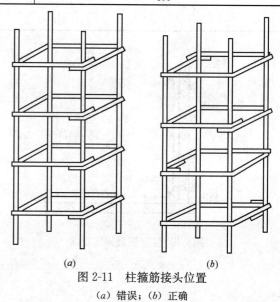

图 2-11　柱箍筋接头位置

（a）错误；（b）正确

混凝土保护层的最小厚度 *c*（单位：mm）

表 2-15

环境类别	板、墙、壳	梁、柱、杆
一	15	20
二 a	20	25
二 b	25	35
三 a	30	40
三 b	40	50

注：1. 混凝土强度等级不大于 C25 时，表中保护层厚度数值应增加 5mm。

2. 钢筋混凝土基础宜设置混凝土垫层，基础中钢筋的混凝土保护层厚度应从垫层顶面算起，且不应小于 40mm。

2.2 钢筋工程质量标准及验收方法

2.2.1 一般规定

（1）浇筑混凝土之前，应进行钢筋隐蔽工程验收。隐蔽工程验收应包括下列主要内容：

1）纵向受力钢筋的牌号、规格、数量、位置。

2）钢筋的连接方式、接头位置、接头质量、接头面积百分率、搭接长度、锚固方式及锚固长度。

3）箍筋、横向钢筋的牌号、规格、数量、间距、位置，箍筋弯钩的弯折角度及平直段长度。

4）预埋件的规格、数量和位置。

（2）钢筋、成型钢筋进场检验，当满足下列条件之一时，其检验批容量可扩大一倍：

1）获得认证的钢筋、成型钢筋。

2) 同一厂家、同一牌号、同一规格的钢筋，连续三批均一次检验合格。

3) 同一厂家、同一类型、同一钢筋来源的成型钢筋，连续三批均一次检验合格。

2.2.2 材料

钢筋工程材料的质量标准及验收方法应符合表 2-16 的规定。

钢筋工程材料的质量标准及验收方法
表 2-16

项目	合格质量标准	检查数量	检验方法
主控项目	钢筋进场时，应按国家现行标准《钢筋混凝土用钢　第 1 部分：热轧光圆钢筋》（GB 1499.1—2008）、《钢筋混凝土用钢　第 2 部分：热轧带肋钢筋》（GB 1499.2—2007）、《钢筋混凝土用余热处理钢筋》（GB 13014—2013）、《钢筋混凝土用钢　第 3 部分：钢筋焊接网》（GB/T 1499.3—2010）、《冷轧带肋钢筋》（GB 13788—2008）、《高延性冷轧带肋钢筋》（YB/T 4260—2011）、《冷轧扭钢筋》（JG 190—2006）及《冷轧带肋钢筋混凝土结构技术规程》（JGJ 95—2011）、《冷轧扭钢筋混凝土构件技术规格》（JGJ 115—2006）、《冷拔低碳钢丝应用技术规程》（JGJ 19—2010）抽取试件作屈服强度、抗拉强度、伸长率、弯曲性能和重量偏差检验，检验结果应符合相应标准的规定	按进场批次和产品的抽样检验方案确定	检查质量证明文件和抽样检验报告
	成型钢筋进场时，应抽取试件作屈服强度、抗拉强度、伸长率和重量偏差检验，检验结果应符合国家现行相关标准的规定 　　对由热轧钢筋制成的成型钢筋，当有施工单位或监理单位的代表驻厂监督生产过程，并提供原材钢筋力学性能第三方检验报告时，可仅进行重量偏差检验	同一厂家、同一类型、同一钢筋来源的成型钢筋，不超过 30t 为一批，每批中每种钢筋牌号、规格均应至少抽取 1 个钢筋试件，总数不应少于 3 个	检查质量证明文件和抽样检验报告

项目	合格质量标准	检查数量	检验方法
主控项目	对按一、二、三级抗震等级设计的框架和斜撑构件（含梯段）中的纵向受力普通钢筋应采用 HRB335E、HRB400E、HRB500E、HRBF335E、HRBF400E 或 HRBF500E 钢筋，其强度和最大力下总伸长率的实测值应符合下列规定： （1）抗拉强度实测值与屈服强度实测值的比值不应小于 1.25 （2）屈服强度实测值与屈服强度标准值的比值不应大于 1.30 （3）最大力下总伸长率不应小于 9%	按进场的批次和产品的抽样检验方案确定	检查抽样检验报告
一般项目	钢筋应平直、无损伤，表面不得有裂纹、油污、颗粒状或片状老锈	全数检查	观察
	成型钢筋的外观质量和尺寸偏差应符合国家现行相关标准的规定	同一厂家、同一类型的成型钢筋，不超过 30t 为一批，每批随机抽取 3 个成型钢筋试件	观察，尺量
	钢筋机械连接套筒、钢筋锚固板以及预埋件等的外观质量应符合国家现行相关标准的规定	按国家现行相关标准的规定确定	检查产品质量证明文件；观察，尺量

2.2.3 钢筋加工

钢筋加工的质量标准及验收方法应符合表 2-17 的规定。

钢筋加工的质量标准及验收方法 表 2-17

项目	合格质量标准	检查数量	检验方法
主控项目	钢筋弯折的弯弧内直径应符合下列规定： （1）光圆钢筋，不应小于钢筋直径的 2.5 倍 （2）335MPa 级、400MPa 级带肋钢筋，不应小于钢筋直径的 4 倍 （3）500MPa 级带肋钢筋，当直径为 28mm 以下时不应小于钢筋直径的 6 倍，当直径为 28mm 及以上时不应小于钢筋直径的 7 倍 （4）箍筋弯折处尚不应小于纵向受力钢筋的直径	按每工作班同一类型钢筋、同一加工设备抽查不应少于 3 件	尺量
	纵向受力钢筋的弯折后平直段长度应符合设计要求。光圆钢筋末端作 180°弯钩时，弯钩的平直段长度不应小于钢筋直径的 3 倍	按每工作班同一类型钢筋、同一加工设备抽查不应少于 3 件	尺量
	箍筋、拉筋的末端应按设计要求做弯钩，并应符合下列规定： （1）对一般结构构件，箍筋弯钩的弯折角度不应小于 90°，弯折后平直段长度不应小于箍筋直径的 5 倍；对有抗震设防要求或设计有专门要求的结构构件，箍筋弯钩的弯折角度不应小于 135°，弯折后平直段长度不应小于箍筋直径的 10 倍 （2）圆形箍筋的搭接长度不应小于其受拉锚固长度，且两末端弯钩的弯折角度不应小于 135°，弯折后平直段长度对一般结构构件不应小于箍筋直径的 5 倍，对有抗震设防要求的结构构件不应小于箍筋直径的 10 倍 （3）梁、柱复合箍筋中的单肢箍筋两端弯钩的弯折角度均不应小于 135°，弯折后平直段长度应符合（1）对箍筋的有关规定	按每工作班同一类型钢筋、同一加工设备抽查不应少于 3 件	尺量

项目	合格质量标准	检查数量	检验方法
主控项目	盘卷钢筋调直后应进行力学性能和重量偏差检验，其强度应符合国家现行有关标准的规定，其断后伸长率、重量偏差应符合表2-18的规定。力学性能和重量偏差检验应符合下列规定： （1）应对3个试件先进行重量偏差检验，再取其中2个试件进行力学性能检验 （2）重量偏差应按下式计算： $$\Delta = \frac{W_d - W_0}{W_0} \times 100$$ 式中　Δ——重量偏差（%） 　　　W_d——3个调直钢筋试件的实际重量之和（kg） 　　　W_0——钢筋理论重量（kg），取每米理论重量（kg/m）与3个调直钢筋试件长度之和（m）的乘积 （3）检验重量偏差时，试件切口应平滑并与长度方向垂直，其长度不应小于500mm；长度和重量的量测精度分别不应低于1mm和1g 采用无延伸功能的机械设备调直的钢筋，可不进行本条规定的检验	同一加工设备、同一牌号、同一规格的调直钢筋，重量不大于30t为一批，每批见证抽取3个试件	检查抽样检验报告
一般项目	钢筋加工的形状、尺寸应符合设计要求，其偏差应符合表2-19的规定	按每工作班同一类型钢筋、同一加工设备抽查不应少于3件	尺量

119

盘卷钢筋调直后的断后伸长率、重量偏差要求　　　表 2-18

钢筋牌号	断后伸长率 A（%）	重量偏差（%）	
		直径 6~12mm	直径 14~16mm
HPB300	≥21	≥-10	—
HRB335、HRBF335	≥16	≥-8	≥-6
HRB400、HRBF400	≥15		
RRB400	≥13		
HRB500、HRBF500	≥14		

注：断后伸长率 A 的量测标距为 5 倍钢筋直径。

钢筋加工的允许偏差　　　表 2-19

项目	允许偏差/mm
受力钢筋沿长度方向的净尺寸	±10
弯起钢筋的弯折位置	±20
箍筋外廓尺寸	±5

2.2.4　钢筋连接

钢筋连接的质量标准及验收方法应符合表 2-20 的规定。

钢筋连接的质量标准及验收方法　　　　表 2-20

项目	合格质量标准	检查数量	检验方法
主控项目	钢筋的连接方式应符合设计要求	全数检查	观察
	钢筋采用机械连接或焊接连接时，钢筋机械连接接头、焊接接头的力学性能、弯曲性能应符合国家现行相关标准的规定。接头试件应从工程实体中截取	按现行行业标准《钢筋机械连接技术规程》（JGJ 107—2010）和《钢筋焊接及验收规程》（JGJ 18—2012）的规定确定	检查质量证明文件和抽样检验报告
	螺纹接头应检验拧紧扭矩值，挤压接头应量测压痕直径，检验结果应符合现行行业标准《钢筋机械连接技术规程》（JGJ 107—2010）的相关规定	按现行行业标准《钢筋机械连接技术规程》（JGJ 107—2010）的规定确定	采用专用扭力扳手或专用量规检查
一般项目	钢筋接头的位置应符合设计和施工方案要求。有抗震设防要求的结构中，梁端、柱端箍筋加密区范围内不应进行钢筋搭接。接头末端至钢筋弯起点的距离不应小于钢筋直径的 10 倍	全数检查	观察，尺量
	钢筋机械连接接头、焊接接头的外观质量应符合现行行业标准《钢筋机械连接技术规程》（JGJ 107—2010）和《钢筋焊接及验收规程》（JGJ 18—2012）的规定	按现行行业标准《钢筋机械连接技术规程》（JGJ 107—2010）和《钢筋焊接及验收规程》（JGJ 18—2012）的规定确定	观察，尺量

続表

項目	合格質量標准	檢査數量	檢驗方法
一般項目	当纵向受力钢筋采用机械连接接头或焊接接头时，同一连接区段内纵向受力钢筋的接头面积百分率应符合设计要求；当设计无具体要求时，应符合下列规定： （1）受拉接头，不宜大于50%；受压接头，可不受限制 （2）直接承受动力荷载的结构构件中，不宜采用焊接；当采用机械连接时，不应超过50%	在同一检验批内，对梁、柱和独立基础，应抽查构件数量的10%，且不应少于3件；对墙和板，应按有代表性的自然间抽查10%，且不应少于3间；对大空间结构，墙可按相邻轴线间高度5m左右划分检查面，板可按纵横轴线划分检查面，抽查10%，且均不应少于3面	观察，尺量 注：1. 接头连接区段是指长度为35d且不小于500mm的区段，d为相互连接两根钢筋的直径较小值 2. 同一连接区段内纵向受力钢筋接头面积百分率为接头中点位于该连接区段内的纵向受力钢筋截面面积与全部纵向受力钢筋截面面积的比值
	当纵向受力钢筋采用绑扎搭接接头时，接头的设置应符合下列规定： （1）接头的横向净间距不应小于钢筋直径，且不应小于25mm （2）同一连接区段内，纵向受拉钢筋的接头面积百分率应符合设计要求；当设计无具体要求时，应符合下列规定： 1）梁类、板类及墙类构件，不宜超过25%；基础筏板，不宜超过50% 2）柱类构件，不宜超过50% 3）当工程中确有必要增大接头面积百分率时，对梁类构件，不应大于50%	在同一检验批内，对梁、柱和独立基础，应抽查构件数量的10%，且不应少于3件；对墙和板，应按有代表性的自然间抽查10%，且不应少于3间；对大空间结构，墙可按相邻轴线间高度5m左右划分检查面，板可按纵横轴线划分检查面，抽查10%，且均不应少于3面	观察，尺量 注：1. 接头连接区段是指长度为1.3倍搭接长度的区段。搭接长度取相互连接两根钢筋中较小直径计算 2. 同一连接区段内纵向受力钢筋接头面积百分率为接头中点位于该连接区段内的纵向受力钢筋截面面积与全部纵向受力钢筋截面面积的比值

122

项目	合格质量标准	检查数量	检验方法
一般项目	梁、柱类构件的纵向受力钢筋搭接长度范围内箍筋的设置应符合设计要求；当设计无具体要求时，应符合下列规定： （1）箍筋直径不应小于搭接钢筋较大直径的 1/4 （2）受拉搭接区段的箍筋间距不应大于搭接钢筋较小直径的 5 倍，且不应大于 100mm （3）受压搭接区段的箍筋间距不应大于搭接钢筋较小直径的 10 倍，且不应大于 200mm （4）当柱中纵向受力钢筋直径大于 25mm 时，应在搭接接头两个端面外 100mm 范围内各设置二个箍筋，其间距宜为 50mm	在同一检验批内，应抽查构件数量的 10%，且不应少于 3 件	观察，尺量

2.2.5 钢筋安装

钢筋安装的质量标准及验收方法应符合表 2-21 的规定。

钢筋安装的质量标准及验收方法　　　　　　　　　　　　　　表 2-21

项目	合格质量标准	检查数量	检验方法
主控项目	钢筋安装时，受力钢筋的牌号、规格和数量必须符合设计要求	全数检查	观察，尺量
	受力钢筋的安装位置、锚固方式应符合设计要求	全数检查	观察，尺量

项目	合格质量标准	检查数量	检验方法
一般项目	钢筋安装偏差及检验方法应符合表 2-22 的规定 梁板类构件上部受力钢筋保护层厚度的合格点率应达到 90% 及以上，且不得有超过表中数值 1.5 倍的尺寸偏差	在同一检验批内，对梁、柱和独立基础，应抽查构件数量的 10%，且不应少于 3 件；对墙和板，应按有代表性的自然间抽查 10%，且不应少于 3 间；对大空间结构，墙可按相邻轴线间高度 5m 左右划分检查面，板可按纵横轴线划分检查面，抽查 10%，且均不应少于 3 面	—

钢筋安装允许偏差和检验方法 表 2-22

项 目		允许偏差/mm	检验方法
绑扎钢筋网	长、宽	±10	尺量
	网眼尺寸	±20	尺量连续三档，取最大偏差值
绑扎钢筋骨架	长	±10	尺量
	宽、高	±5	尺量
纵向受力钢筋	锚固长度	−20	尺量
	间距	±10	尺量两端、中间各一点，取最大偏差值
	排距	±5	

项　　　目		允许偏差/mm	检验方法
纵向受力钢筋、箍筋的混凝土保护层厚度	基础	±10	尺量
	柱、梁	±5	尺量
	板、墙、壳	±3	尺量
绑扎箍筋、横向钢筋间距		±20	尺量连续三档，取最大偏差值
钢筋弯起点位置		20	尺量，沿纵、横两个方向量测，并取其中偏差折较大值
预埋件	中心线位置	5	尺量
	水平高差	＋3，0	塞尺量测

3 预应力工程

3.1 质量通病原因分析及防治措施

3.1.1 材料

为了保证预应力工程材料的质量，要求相关工作人员必须熟悉质量问题的现象和防治方法。常见的预应力工程材料的质量问题列于表 3-1 中。

预应力工程材料质量通病分析及防治措施 表 3-1

质量通病现象	原 因 分 析	防 治 措 施
预应力筋进场时，没有按现行国家标准的规定抽取试件作抗拉强度、伸长率检验	常用的预应力筋有钢丝、钢绞线、精轧螺纹钢筋等，不同的预应力筋产品，其质量标准及检验批容量均由相关产品标准作了明确的规定，制定产品抽样检验方案时应按不同产品标准的具体规定执行。目前常用的预应力筋的相应产品标准有：《预应力混凝土用钢绞线》（GB/T 5224—2014）、《预应力混凝土用钢丝》（GB/T 5223—2014）、《预应力混凝土用螺纹钢筋》（GB/T 20065—2006）和《无粘结预应力钢绞线》（JG 161—2004）等。预应力筋是预应力分项工程中最重要的原材料，进场时应根据进场批次和产品的抽样检验方案确定检验批，进行抽样检验。由于各厂家提供的预应力筋产品合格证内容与格式不尽相同，为统一及明确有关内容，要求厂家除了提供产品合格证外，还应提供反映预应力筋主要性能的出厂检验报告，两者也可合并提供。抽样检验可仅做预应力筋抗拉强度与伸长率试验；松弛率试验由于时间较长，成本较高，同时目前产品质量比较稳定，一般不需要进行该项检验，当工程确有需要时，可进行检验	预应力筋进场时，应按国家现行标准《预应力混凝土用钢绞线》（GB/T 5224—2014）、《预应力混凝土用钢丝》（GB/T 5223—2014）、《预应力混凝土用螺纹钢筋》（GB/T 20065—2006）和《无粘结预应力钢绞线》（JG 161—2004）抽取试件作抗拉强度、伸长率检验，其检验结果应符合相应标准的规定 检查数量：按进场的批次和产品的抽样检验方案确定。 检验方法：检查质量证明文件和抽样检验报告

続表

质量通病现象	原 因 分 析	防 治 措 施
预应力钢绞线的直径超过允许偏差	因为生产机具精度差，操作工艺不当，导致钢绞线的直径超过规范允许偏差，这将直接影响锚、夹具的匹配性能和锚固的可靠度；偏差大的，在张拉过程中会产生滑丝	（1）加强生产过程中工艺操作管理，对生产机具设备精度进行调整，并按照规定、按批量仔细进行检验后方可出厂，并附质量证明书和试验报告 （2）钢绞线进入现场后，应该逐盘（卷）做外观检查，包括量测钢材直径。预应力钢绞线直径应符合现行国家标准《预应力混凝土用钢绞线》（GB/T 5224—2014）中规定的允许偏差。一般用的预应力钢绞线尺寸及允许偏差见表3-2、表3-3和表3-4 （3）直径超标的预应力钢绞线则视为不合格品，不可使用
钢丝和钢绞线力学性能达不到国家标准	由于原料的通条性能不好、钢绞线捻制过程中出现捻损、生产过程中中频回火的温度达不到工艺要求等原因，预应力钢丝和钢绞线的抗拉强度、伸长率、反复弯曲次数（仅对钢丝）等有一项达不到国家标准的要求	（1）应加强原材料的质量检验 （2）针对半成品钢丝检验，应提高保险加载负荷 （3）应当加强生产过程中工艺操作管理 （4）按照规定、按批量认真进行检验与试验后，方可出厂 （5）预应力钢丝和钢绞线进场后，按规定抽样，委托有资质的检测机构进行试验。若有一项试验结果不符合国家标准的要求，那么该盘钢丝和钢绞线为不合格品；并从同一批未经试验的盘中再取双倍数的试样进行复验；如果仍有一个指标不合格，那么该批钢丝和钢绞线为不合格品或逐盘试验，取用合格品

127

1×2 结构钢绞线尺寸及允许偏差、公称横截面积、每米理论重量

表 3-2

钢绞线结构	公称直径		钢绞线直径允许偏差/mm	钢绞线公称横截面积 S_n/mm²	每米理论重量/ (g/m)
	钢绞线直径 D_n/mm	钢丝直径 d/mm			
1×2	5.00	2.50	+0.15 −0.05	9.82	77.1
	5.80	2.90		13.2	104
	8.00	4.00	+0.25 −0.10	25.1	197
	10.00	5.00		39.3	309
	12.00	6.00		56.5	444

1×3 结构钢绞线尺寸及允许偏差、公称横截面积、每米理论重量

表 3-3

钢绞线结构	公称直径		钢绞线测量尺寸 A/mm	测量尺寸 A 允许偏差/mm	钢绞线公称横截面积 S_n/mm²	每米理论重量/ (g/m)
	钢绞线直径 D_n/mm	钢丝直径 d/mm				
1×3	6.20	2.90	5.41	+0.15 −0.05	19.8	155
	6.50	3.00	5.60		21.2	166
	8.60	4.00	7.46	+0.20 −0.10	37.7	296
	8.74	4.05	7.56		38.6	303
	10.80	5.00	9.33		58.9	462
	12.90	6.00	11.20		84.8	666
1×3I	8.70	4.04	7.54		38.5	302

表 3-4

1×7 结构钢绞线尺寸及允许偏差、公称横截面积、每米理论重量

钢绞线结构	公称直径 D_n/mm	直径允许偏差/mm	钢绞线公称横截面积 S_n/mm²	每米理论重量/(g/m)	中心钢丝直径 d_0 加大范围（%）≥
1×7	9.50（9.53）	+0.30 −0.15	54.8	430	2.5
	11.10（11.11）		74.2	582	
	12.70	+0.40 −0.15	98.7	775	
	15.20（15.24）		140	1101	
	15.70		150	1178	
	17.80（17.78）		191（189.7）	1500	
	18.90		220	1727	
	21.60		285	2237	
1×7I	12.70	+0.40 −0.15	98.7	775	
	15.20（15.24）		140	1101	

钢绞线结构	公称直径 D_n/mm	直径允许偏差/mm	钢绞线公称横截面积 S_n/mm²	每米理论重量/ (g/m)	中心钢丝直径 d_0 加大范围 （%）$\geqslant$
(1×7) C	12.70	+0.40 −0.15	112	890	2.5
	15.20 (15.24)		165	1295	
	18.00		223	1750	

注：可按括号内规格供货。

3.1.2 制作与安装

为了保证预应力工程制作与安装的质量，要求相关工作人员必须熟悉质量问题的现象和防治方法。常见的预应力工程制作与安装的质量问题列于表 3-5 中。

预应力工程制作与安装质量通病分析及防治措施 表 3-5

质量通病现象	原因分析	防治措施
任意代换预应力筋和锚具	预应力筋与锚具不配套，锚固性能受到影响；预应力筋代换不符合设计要求，降低了有效预应力	代换预应力筋和锚具时，应遵循下列原则： (1) 代换后的预应力筋或锚具应相互匹配 (2) 代换预应力筋后，不得降低构件和结构的承载力设计值，不得降低有效预应力 (3) 代换锚具时，应考虑代换前后锚处预应力的损失以及构造要求的差异 (4) Ⅰ类锚具可代换Ⅱ类锚具，Ⅱ类锚具不得代换Ⅰ类锚具 (5) 代换应征得原设计单位同意

质量通病现象	原 因 分 析	防 治 措 施
选用的材料强度低，钢垫板不垂直于预应力筋孔道中心	由于选用的锚具、夹具、张拉端钢垫板等材料强度低，加工不够平整，当预应力筋锚固时，有相对移动和塑性变形，导致预应力筋回缩松弛，产生预应力损失	（1）按设计图纸的规定选用锚具、张拉端钢垫板，应有材料化学成分和机械性能质保书或复试报告 （2）材料不得有夹渣或裂缝等缺陷，加工应平整、尺寸应正确，锚具夹片和垫板厚度应符合计算要求 （3）应控制锚固阶段张拉端预应力筋的内缩量，不应大于表3-6的规定
预应力锚具加工精度差，有裂纹，硬度过高或过低	（1）预应力施工锚具应严格检查质量。由于材料本身脆性大，对物件的缺陷敏感度也增大，在张拉时使用带裂纹的锚夹具，容易造成碎片飞出伤人等事故 （2）预应力锚具在热处理过程中掌握不好，硬度过低，预应力筋夹不住，张拉时易打滑；硬度过高，锚具牙齿易损坏钢筋，张拉时易出现钢筋脆断事故	（1）加工的锚夹具应严格控制质量，不得有夹杂、裂纹等缺陷 （2）预应力锚具、夹具、连接器应有出厂合格证和复试试验报告 （3）锚环热处理后的硬度应控制在HRC32～37；夹具的硬度，用于冷拉钢筋的为HRC40～50，用于钢绞线的为HRC50～55 （4）加工后的锚环内孔和夹具外锥面的锥度应吻合 （5）预应力锚具应按批验收。进场验收时，每个检验批的锚具不宜超过2000套，每个检验批的连接器不宜超过500套，每个检验批的夹具不宜超过500套。获得第三方独立认证的产品，其检验批的批量可扩大1倍。预应力锚夹具检查验收应按表3-7的要求进行

质量通病现象	原 因 分 析	防 治 措 施
结构端部尺寸不够，横向钢筋网片或螺旋筋配置数量不足	预应力结构端部节点尺寸不够、配筋不足，张拉时端部锚固区无法承受垂直预应力钢筋方向的力，而使构件产生纵向裂缝	（1）应在构件的端部锚固区节点处增配钢筋网片或箍筋，并保证预应力筋外围混凝土有一定的厚度 （2）如果出现轻微的张拉裂缝，不影响承载力的可以不处理或采取粘贴环氧玻璃丝布、涂刷环氧胶泥等方法进行封闭处理；严重的会明显降低结构刚度的裂缝，应通过设计单位根据具体情况采取预应力加固或用钢套箍等方法加固处理
预应力构件预留孔道芯管和预埋件固定不牢	由于预留孔道固定不牢，固定各种成孔管道用的钢筋井字架间距过大，导致孔道不正，预应力筋混凝土保护层过小，构件施加预应力时会发生开裂和侧弯	（1）加工的钢筋井字架尺寸应准确，固定井字架的间距应为：支垫钢管芯管不大于 1500mm；支垫波纹管不大于 1000mm；支垫胶管不大于 600mm；支垫曲线孔道的应加密，为 150～200mm （2）灌浆孔的间距：预埋波纹管长度不应大于 30m；抽芯成形孔道不应大于 12m；曲线孔道的曲线波峰部位应设置泌水管。波纹管支架如图 3-1 所示，灌浆孔留设如图 3-2 所示。孔道壁与构件边缘的距离不应小于 250mm （3）浇筑混凝土时，振动器切勿碰动芯管，防止芯管偏移，需要起拱的构件，芯管应随构件同时起拱。在浇筑混凝土前应及时检查芯管和预埋件的位置是否正确，预埋件应固定在模板上

续表

质量通病现象	原因分析	防治措施
墩头锚具锚杯拉脱或断裂	(1) 张拉千斤顶的工具式拉杆与锚杯内螺纹连接时，拧入螺纹长度不满足设计要求，螺纹受剪破坏 (2) 锚杯热处理后硬度过高，材质变脆；退刀槽处切削过深，产生应力集中和淬火裂纹；承压钢板（垫板）不正，锚杯偏心受拉 由于上述原因，导致锚杯突然断裂，尤其是锚杯的尺寸较小时，壁薄易断	(1) 加强原材料检验，确定合理的热处理工艺参数 (2) 锚杯内螺纹的退刀槽应严格按图纸要求加工。退刀槽应加工成大圆弧形，防止应力集中和淬火裂纹 (3) 锚杯安装时，工具式拉杆拧入锚杯内螺纹的长度应满足设计要求。当锚杯拉出孔道时应随时拧上螺母，以确保安全 (4) 螺母使用前，应逐个检查螺纹的配合情况。大直径螺纹的表面应涂润滑油脂，以确保锚固和张拉过程中螺母顺利旋合并拧紧 (5) 张拉钢丝束时，应严格对中，以免锚杯的外螺纹受损 (6) 凿去构件张拉端扩大孔与正常孔道交接处的混凝土，重新浇筑混凝土，养护到规定强度后，更换锚杯重新张拉；并通过设计验算，张拉控制应力适当降低
锚环或群锚锚板开裂	(1) 锚环或锚板的原材料存在缺陷或热处理有缺陷 (2) 由于锚环或锚板要承受很大的环向应力，其强度不足 (3) 锚垫板表面没有清理干净，有坚硬杂物或锚具偏出锚垫板上的对中止口，形成不平整支撑状态 (4) 过度敲击锚环或锚板而变形，或反复使用次数过多	(1) 选择原材料质量有保证的产品，可防止锚具混料、加工工艺不稳定等导致锚环或锚板强度低的问题 (2) 生产厂家应严格把住探伤和其他质量检验关 (3) 锚具安装时应与孔道中心对中，并与锚垫板接触平整。锚垫板上如果设置对中止口，则应防止锚具偏出止口以外，形成不平整的支撑状态 (4) 张拉过程中如果发现锚环或锚板开裂，应更换锚具 (5) 对张拉锚固并灌浆后发现的锚环环向裂缝，如果预应力筋无滑移现象，可采用锚环外加钢套箍的方法进行处理

133

质量通病现象	原 因 分 析	防 治 措 施
机具设备及仪表不及时维护和校验	预应力的机具设备、仪表应保持完好，否则无法确定仪表读数与张拉应力的关系曲线，无法保证其正常工作和准确施加预应力	(1) 施加预应力所用的机具设备和仪表应由专人使用和管理，并应定期维护及校验（标定），校验（标定）期限不应超过半年；张拉设备应配套校验，以确定仪表读数与张拉应力的关系曲线 (2) 压力表的精度不应低于 1.5 级，最大量程不应小于设备额定张拉力的 1.3 倍。校验（标定）张拉设备用的试验机或测力计精度不得低于±2%。千斤顶油塞的运行方向应与实际张拉工作状态一致。当发生下列情况之一时，应重新标定张拉设备： 1) 千斤顶久置后重新使用 2) 千斤顶经过拆卸修理 3) 压力表受过碰撞或出现失灵现象 4) 更换压力表 5) 张拉过程中预应力筋发生多根破断事故或张拉伸长值误差较大
螺丝端杆在高应力下突然断裂	(1) 材质内有夹渣，局部受损伤 (2) 加工的螺纹内夹角尖锐 (3) 热处理工艺选择不当，热处理后硬度过高或未经回火处理，材质变脆 (4) 张拉时端杆受偏心拉力、冲击荷载等作用 (5) 夜间气温骤降	(1) 确定合理的热处理工艺参数，应当选择适当的回火温度 (2) 应加强原材料和成品检验 (3) 制作螺丝端杆时，应当先将 45 号钢粗加工至接近设计尺寸，再调质热处理，然后精加工至设计尺寸 (4) 若加工螺纹时，刀具不宜太尖 (5) 螺丝端杆加工后，应进行对焊、冷拉和运输过程中，均应采取保护措施，防止损伤 (6) 螺丝端杆断裂后，可以切除重焊新螺杆。焊好后需应力控制法进行冷拉考验，重复冷拉不可超过 2 次 (7) 如果在张拉灌浆中螺丝端杆断裂而未影响预应力筋，可重焊螺丝端杆，随后补浇端部混凝土并养护到规定强度后，再张拉螺丝端杆并且用螺母固定

质量通病现象	原 因 分 析	防 治 措 施
振动棒剧烈撞击预留芯管	后张法构件预留芯管多为由薄壁钢带卷轧而成的波纹管，如果受振动棒剧烈、直接撞击会造成破损、凹瘪或漏浆，影响穿束，增大应力损失	（1）保证所用预留芯管的刚度、抗渗漏性能等符合有关技术标准 （2）在浇筑混凝土时，操作人员要了解预留芯管的位置和走向，尽量避免振捣棒撞击预留芯管 （3）一旦发生严重漏浆造成孔道堵塞，应将孔道凿开，清除漏浆后修复孔道外混凝土，修整应做记录，修整材料应有强度试验报告
钢丝墩头开裂、滑脱或拉断	（1）预应力钢丝冷镦头的劈裂是指平行于钢丝轴线的开口裂纹，主要是由于钢材轧制有缺陷或钢丝强度太高引起的 （2）钢丝冷镦头的滑移裂纹是指与钢丝轴线约呈45°的剪切裂纹，主要是由于冷加工工艺有缺陷引起的 （3）钢丝冷镦头的尺寸偏小、锚板的硬度低、锚孔大，冷镦头易从锚板孔中滑脱	（1）钢丝束镦头锚具使用前，首先应该确认该批预应力钢丝的可镦性，即其物理力学性能应当满足钢丝镦头的全部要求 （2）钢丝下料时，应当采用冷镦器的切筋装置或砂轮切割机，以确保断口平整。采用砂轮机成束切割钢丝时，须采用冷却措施 （3）锚板应该经过调质热处理 （4）镦头设备应选用液压冷镦器，其镦头模与夹片同心度偏差应不大于0.1mm （5）钢丝镦头尺寸应该不小于规定值，见表3-8。头型应圆整端正，预部母材应不受损伤。通过试镦，合格扣才可正式镦头

质量通病现象	原 因 分 析	防 治 措 施
钢丝墩头开裂、滑脱或拉断	(4) 钢丝冷镦头歪斜、锚板硬度低，使冷镦头受力状态不正常，产生偏心受拉，导致冷镦头没有达到钢丝抗拉强度时就断裂 (5) 钢丝下料长度相对误差大，使钢丝束在镦头锚具中受力不匀，张拉时可能拉断短钢丝	(6) 当钢丝束两端均采用镦头锚具时，同一束中各根钢丝长度的极差不应大于钢丝长度的 1/5000，且不应大于 5mm。当成组张拉长度不大于 10m 的钢丝时，同组钢丝长度的极差不得大于 2mm (7) 钢丝镦头的强度不可低于钢丝抗拉强度标准值的 98%；不然应改进镦头工艺后重新镦头 (8) 张拉过程中，钢丝滑脱或断丝的数量，不可超过结构同一截面预应力钢丝总根数的 3%，并且一束钢丝只允许 1 根。不然应更换钢丝重新镦头后再张拉
钢质锥形锚具滑丝或断丝	(1) 锥形锚具由锚塞和锚环组成。通过张拉钢丝束，顶压锚塞，将多根钢丝楔紧在锚塞与锚环之间。钢丝的强度与硬度很高，如锚具加工精度差、热处理不当、钢丝直径偏差大、应力不均匀，都会导致滑丝	(1) 确定合理的热处理工艺参数。采取塞硬环软措施，即锚塞硬度高 (HRC55～58)、锚环硬度低 (HRC20～24) 的措施，来弥补钢丝直径的差异 (2) 锚塞与锚环的锥度应严格保证一致。锚塞与锚环配套时，锚塞大小头与锚环的锥形孔只允许同时出现正偏差或负偏差。锥度绝对值偏差不大于 8′ (3) 编束时预选钢丝，使同一束中各根钢丝直径的绝对偏差不大于 0.15mm，并将钢丝理顺用铁丝编扎，防止穿束时钢丝错位

质量通病现象	原 因 分 析	防 治 措 施
钢质锥形锚具滑丝或断丝	（2）锥形锚具安装时，锚环的锥形孔与承压钢板的平直孔形成一个折角，顶压锚塞时钢丝在该处易发生切口效应。如锚环安装有偏斜，锚环、孔道与千斤顶三者不对中，则会卡断钢丝	（4）浇筑混凝土前，应使预留孔道与承压钢板孔对中；张拉时，应使千斤顶与锚环、承压钢板对中，因此可先将锚环点焊在承压钢板上 （5）张拉过程中，钢丝滑丝或断丝的数量严禁超过构件同一截面预应力钢丝总根数的3%，且一束钢丝只允许有一根滑丝或断丝。如果超过上述限值，则应更换钢丝重新镦头后再张拉；当不能更换时，在容许的条件下，可提高其余钢丝束的预应力值，以满足设计要求
钢丝镦头强度低，锚杯断裂	镦头强度低于钢丝标准强度的98%，或者张拉后，锚杯突然断裂原因分析如下： （1）镦粗工艺不当，镦头歪斜，镦头压力过大 （2）锚杯硬度过低，使镦头受力状态不正常，产生偏心 （3）锚杯热处理后硬度过高，材质变脆，退刀槽处切削过深，产生应力集中和淬火裂纹，垫板不正，锚杯偏心受拉	（1）钢丝下料时，应保证断口平整，防止镦粗时头部歪斜 （2）镦头预留长度应控制在10±0.2mm以内 （3）镦头模与夹片同心度偏差应在0.1mm以内 （4）ϕ5碳素钢丝镦头直径控制在7～7.5mm为宜，锚孔尺寸应控制在5.2～5.25mm以内 （5）锚杯硬度以HB251～283为宜 （6）锚杯的热处理工艺应合理，退刀槽应加工成大圆弧形，避免应力集中和淬火裂纹，并严格成品验收

质量通病现象	原 因 分 析	防 治 措 施
预应力钢丝和钢绞线表面有浮锈、锈斑和麻坑	（1）生产过程是经中频回火炉处理后，用循环水进行冷却，再经气吹。如果给水量过大，喷气量太小，会造成钢绞线表面有一定的水分，经过一段时间表面出现浮锈 （2）夏天空气潮湿，存放过程中出现浮锈 （3）在运输与存放过程中，钢丝和钢绞线盘卷包装破损，受雨露、湿气或腐蚀介质的侵蚀，易发生锈蚀、麻坑	（1）生产过程中，合理调整冷却给水量，加大喷气量，保证钢丝和钢绞线表面干燥，加强车间通风条件 （2）每盘钢丝和钢绞线包装时，应加麻片、防潮纸等，用钢带捆扎结实 （3）预应力钢丝和钢绞线运输时，应用油布或篷车严密覆盖 （4）预应力钢丝和钢绞线贮存时，应架空堆放在有遮盖的棚内或仓库内，周围环境不得有腐蚀介质，如贮存时间过长，应用乳化防锈油喷涂表面 （5）预应力钢丝和钢绞线表面允许有轻微的浮锈。对于有轻度锈蚀（锈斑）的钢丝和钢绞线，应做检验；对于合格的应采取除锈处理后才能使用；对于不合格的，应降级使用或不使用；对于严重锈蚀（麻坑）的，不得使用

锚固阶段张拉端预应力筋的内缩量限值　　　　　表 3-6

锚 具 类 别		内缩量限值/mm
支承式锚具（螺母锚具、镦头锚具等）	螺母缝隙	1
	每块后加垫板的缝隙	1
夹片式锚具	有顶压	5
	无顶压	6～8

表 3-7

检查项目	每批抽检数量	检查要求	处理意见
外观检查	2%且不应少于 10 套	外形尺寸应符合产品质量保证书所示的尺寸范围，且表面不得有裂纹及锈蚀	当有下列情况之一时，应对本批产品的外观逐套检查，合格者方可进入后续检验： 1）当有 1 个零件不符合产品质量保证书所示的外形尺寸，应另取双倍数量的零件重做检查，仍有 1 件不合格 2）当有 1 个零件表面有裂纹或夹片、锚孔锥面有锈蚀
硬度检验	3%且不应少于 5 套（多孔夹片式锚具的夹片，每套应抽取 6 片）	硬度值应符合产品质量保证书的规定	当有 1 个零件不符合时，应另取双倍数量的零件重做检验；在重做检验中如仍有 1 个零件不符合，应对该批产品逐个检验，符合者方可进入后续检验
静载锚固性能试验	应在外观检查和硬度检验均合格的锚具中抽取样品，与相应规格和强度等级的预应力筋组装成 3 个预应力筋-锚具组装件	进行静载锚固性能试验	当有一个试件不符合要求时，应取双倍数量的样品重做试验；在重做试验中仍有一个试件不符合要求时，该批锚具（或夹具）应判定为不合格

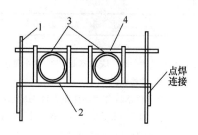

图 3-1　波纹管支架

1—箍筋；2—钢筋支架；3—波纹管；

4—后绑的钢筋

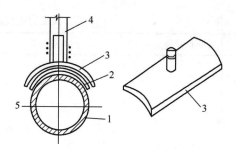

图 3-2　灌浆孔留设

1—波纹管；2—海绵垫片；3—塑料弧形压板；

4—塑料管；5—钢丝绑扎

镦头器型号、镦头压力与头型尺寸

表 3-8

钢丝直径/d	镦头器型号	镦头压力/（N/mm²）	头型尺寸/mm	
			d_1	h
ϕ_5^s	LD-10	32～36	7～7.5	4.7～5.2
ϕ_7^s	LD-20	40～43	10～11	6.7～7.3

3.1.3　张拉和放张

为了保证预应力工程张拉和放张的质量，要求相关工作人员必须熟悉质量问题的现象和防治方法。常见的预应力工程张拉和放张的质量问题列于表 3-9 中。

预应力工程张拉和放张质量通病分析及防治措施　　表 3-9

质量通病现象	原 因 分 析	防 治 措 施
预应力筋张拉或放张的顺序不正确	如果不同时张拉预应力构件两端对称的钢筋，会使构件偏心受力，后张拉的一侧出现弯曲；如果放张时没有从构件的左右两端同时进行，会使构件受力不匀，产生向后放张的一边弯曲	（1）后张法预应力筋的张拉顺序应符合设计要求；当设计无具体要求时，可分批、分阶段地对称张拉，要求两端同时张拉 （2）先张法预应力筋的放张顺序应符合下列规定： 1）宜采取缓慢放张工艺进行逐根或整体放张 2）对轴心受压构件，所有预应力筋宜同时放张 3）对受弯或偏心受压的构件，应先同时放张预压应力较小区域的预应力筋，再同时放张预压应力较大区域的预应力筋 4）当不能按以上规定操作时，应分阶段、对称、相互交错地放张 5）放张后，预应力筋的切断顺序，宜从张拉端开始依次切向另一端 （3）采用先张法生产放张预应力主筋时，应先放松上翼缘的预应力主筋；放松下部主筋时，应从中间开始，然后左右两边、由内向外同时对称进行

质量通病现象	原　因　分　析	防　治　措　施
预应力筋张拉违反张拉顺序	操作人员未遵照原定的张拉顺序进行张拉，易使构件或整体结构受力不均衡，导致构件变形（扭转、侧弯、起拱不均等），出现不正常裂缝，严重时会使构件失稳。张拉操作升压快、不分级、不同步等，使应力骤增，应力变化不均衡，不利于应力调整 （1）操作人员不清楚受力情况，不了解规范、规程要求，不按设计文件和施工方案规定施工 （2）图省事，减少张拉设备调动 （3）操作指令不明确，两端配合不协调	（1）首先应按照对称张拉、受力均匀原则，并考虑施工方便，在施工方案中明确规定整体结构的张拉顺序与单根构件预应力筋的张拉次序及张拉方式（一端、两端、分批、分阶段张拉） 　1）当构件或结构有多根预应力筋（束）时，应采用分批张拉，此时按照设计规定进行，如果设计无规定或受设备限制须改变时，则应经核算确定。张拉时宜对称进行，防止引起偏心。在进行预应力筋张拉时，可选用一端张拉法，也可采用两端同时张拉法。当采用一端张拉时，为了克服孔道摩擦力的影响，使预应力筋的应力得以均匀传递，采用反复张拉2～3次，可以达到较好的效果。选用分批张拉时，应该考虑后批张拉预应力筋所产生的混凝土弹性压缩对先批预应力筋的影响，即应该在先批张拉的预应力筋的张拉应力中增加 　2）张拉平卧重叠浇筑的构件时，宜先上后下逐层进行张拉，为减少上下层构件之间的摩阻力引起的预应力损失，可选用逐层加大张拉力的方法 　（2）其次向操作人员讲清道理，严格按照设计文件和施工方案的规定施工 　（3）张拉作业时，初应力应该选择得当，升压应缓慢进行，并量取伸长读数 　（4）两端张拉时要统一信号，同步进行。长距离张拉时应使用对讲机进行联络，及时反映两端工作情况，如遇有问题及时处理 　（5）张拉操作时，质检人员应在现场加强监督

142

质量通病现象	原 因 分 析	防 治 措 施
预应力筋张拉应力过大	预应力筋张拉应力过大,易产生张拉裂缝,或预应力钢材断裂、滑脱	(1) 预应力筋的张拉控制应力 σ_{con} 应符合下列规定,且不宜小于 $0.4 f_{ptk}$: 1) 消除应力钢丝、钢绞线 $\sigma_{con} \leqslant 0.75 f_{ptk}$ 2) 中强度预应力钢丝 $\sigma_{con} \leqslant 0.70 f_{ptk}$ 3) 预应力螺纹钢筋 $\sigma_{con} \leqslant 0.85 f_{pyk}$ 式中　f_{ptk}——预应力筋极限强度标准值 　　　f_{pyk}——预应力螺纹钢筋屈服强度标准值 消除应力钢丝、钢绞线、中强度预应力钢丝的张拉控制应力值不应小于 $0.4 f_{ptk}$;预应力螺纹钢筋的张拉控制应力值不宜小于 $0.5 f_{pyk}$ 当符合下列情况之一时,上述张拉控制应力限值可相应提高 $0.05 f_{ptk}$ 或 $0.05 f_{pyk}$: 1) 要求提高构件在施工阶段的抗裂性能而在使用阶段受压区内设置的预应力筋 2) 要求部分抵消由于应力松弛、摩擦、钢筋分批张拉以及预应力筋与张拉台座之间的温差等因素产生的预应力损失 (2) 采用应力控制方法张拉时,应校核最大张拉力下预应力筋伸长值。实测伸长值与计算伸长值的偏差应控制在 $\pm 6\%$ 之内,否则应查明原因并采取措施后再张拉

质量通病现象	原 因 分 析	防 治 措 施
预应力张拉端的设置不正确	如果预应力张拉端的设置不正确，会使构件预应力值达不到设计值，预应力不均匀，构件两端差异较大	预应力张拉端的设应符合设计要求，当设计无具体要求时，应符合下列规定： （1）抽芯成形孔道：对曲线预应力筋和长度大于24m的直线预应力筋，应在两端张拉；对于长度不大于24m的直线预应力筋，可在一端张拉，但是张拉端宜分别设在构件的两端 （2）预埋金属螺旋管孔道：对曲线预应力筋和长度大于30m的直线预应力筋应该在两端张拉；对长度不大于30m的直线预应力筋，可在一端张拉 （3）当同一截面中有多根一端张拉的预应力筋时，张拉端宜分别设在构件的两端 （4）当两端张拉同一束预应力筋时，为了减少预应力损失，应该先在一端锚固，再在另一端补足张拉力后锚固
预应力钢束张拉时，钢束伸长值超过允许偏差值	预应力钢束张拉时，钢束伸长值超过了规定的允许偏差值，如包含平弯、竖弯的长钢束其伸长值比设计值偏小，短钢束的伸长值比设计值偏大，张拉应力的准确性将受到直接影响	（1）预应力筋在使用前必须根据实测的弹性模量和截面面积修正计算 （2）正确量得预应力筋的引伸量，根据计量的引伸量误差修正伸长值 （3）为保证波纹管定位准确，应将波纹管的定位钢筋点焊在上、下排的受力钢筋上，以免在浇筑混凝土过程中波纹管上浮。根据需要可进行实测预应力张拉摩擦力，修正设计用的摩擦系数值，以调整预应力筋的设计伸长值 （4）如果实际发生的摩擦力偏大，预应力钢束张拉后的实测值相差较大，此时可考虑使用预备孔道来增加预应力钢束

质量通病现象	原 因 分 析	防 治 措 施
后张法构件裂缝	张拉后在构件锚固区、端面、支座区及预拉区（如吊车梁上翼缘、屋架上弦）产生裂缝 原因分析如下： （1）主要是构件端部节点处尺寸不够和未配置足够的横向钢筋网片或钢筋，另外混凝土振捣不实，张拉时混凝土强度偏低以及张拉力超过规定等 （2）拱形屋架上弦裂缝主要是因为设计对张拉阶段构件预拉区的拉应力验算不足	（1）严格控制混凝土配合比，加强混凝土振捣，保证混凝土的密实性和强度 （2）预应力张拉时，混凝土必须达到规定的强度；同时，应力控制应准确 （3）严格按设计要求配置适量横向钢筋或螺旋筋，保证混凝土端面有足够的承压强度和安全储备 （4）认真验算构件张拉阶段预拉区的拉应力，严格控制超张拉值
张拉设备未经标定、检验或超期使用，随意配套组合使用	张拉设备未经标定、检验或超期使用，随意配套组合使用，导致张拉力不准确，结构的承载能力受到影响。张拉力过大时，预应力筋易断 （1）施工人员不了解利害关系 （2）设备不足，凑合使用，怕麻烦、图省事 （3）管理不善，设备不按规定标准标定、检验	（1）张拉油泵、千斤顶和压力表要在编号配套后进行标定。每套设备标定后，应及时绘出张拉力与压力表读数的关系曲线 （2）标定张拉设备用的试验机或测力计精度不应低于±2%；压力表的直径不应小于150mm，精度不应低于±1.5% （3）凡经配套标定的张拉设备，必须配套使用，不允许随便更换或随意搭配组合使用 （4）在使用过程中，一旦其中某项设备发生故障而需要更换时，仍须再进行配套标定 （5）张拉设备的标定期限不应超过半年。性能稳定的张拉设备标定期间可放宽，但不得超过一年，并应设专人监督和管理 （6）张拉前，由质检人员对张拉设备和标定曲线进行验证检查

质量通病现象	原 因 分 析	防 治 措 施
出现张拉裂缝	预应力大型屋面板、墙板槽形板常在上表面或横肋纵肋端头出现裂缝；预应力吊车梁、桁架等则多在端头出现裂缝。板面裂缝多为横向，在板角部位呈45°角；端横肋靠近纵肋部位的裂缝，基本平行于肋高；纵肋端头裂缝呈斜向，此外，预应力吊车梁、桁架等构件的端头锚固区，常出现沿预应力方向的纵向裂缝，并断续延伸一定长度范围，矩形梁有时贯通全梁；桁架端头有时出现垂直裂缝，其中拱形桁架上弦往往产生横向裂缝；吊车梁屋面板在使用阶段，在支座附近出现由下而上的竖向裂缝 原因分析如下： （1）预应力板类构件板面裂缝，主要是预应力筋放张后，由于筋的刚度差，产生反拱受拉，加上板面与纵筋收缩不一致，而在板面产生横向裂缝 （2）板面四角斜裂缝是由于端肋对纵筋压缩变形的牵制作用，使板面产生空间挠曲，在四角区出现对角拉应力而引起裂缝	严格控制混凝土配合比加强混凝土振捣，保证混凝土密实性和强度；预应力筋张拉和放松时，混凝土必须达到规定的强度；操作时，控制应力准确，并应缓慢放松预应力钢筋；卡具端部加弹性垫层（木或橡皮），或减缓卡具端头角度，并选用有效隔离剂，以防止和减少卡模现象；板面适当施加预应力，使纵肋预应力钢筋引起的反拱减少，提高板面抗拉度；在吊车梁、桁架、托架等构件的端部接点处，增配箍筋、螺旋筋或钢筋网片，并保证外围混凝土有足够的厚度；或减少张拉力或增大梁端截面的宽度。轻微的张拉裂缝，在结构受荷后会逐渐闭合，基本上不影响承载力，可不处理或采取涂刷环氧胶泥、粘贴环氧玻璃布等方法进行封闭处理；严重的裂缝，将明显降低结构刚度，应根据具体情况，采取预应力加固或钢筋混凝土围套、钢套箍加固等方法处理

质量通病现象	原 因 分 析	防 治 措 施
出现张拉裂缝	（3）预应力大型屋面板端头裂缝是由于放张后，肋端头受到压缩变形，而胎模阻止其变形（俗称卡模），造成板角受拉，横肋端部受剪，因而将横肋与纵肋交接处拉裂。另外，在纵肋端头部位，预应力钢筋产生之剪应力和放松引起之拉应力均为最大，从而因主拉应力较大引起斜向裂缝 （4）预应力吊车梁、桁架、托架等端头锚固区，沿预应力方向的纵向水平或垂直裂缝，主要是构件端部接点尺寸不够和未配制足够的横向钢筋网片或钢箍，当张拉时，由于垂直预应力筋方向的"劈裂拉应力"而引起裂缝出现。此外，混凝土振捣不密实，张拉时混凝土强度偏低，以及张拉力超过规定等，都会出现这类裂缝 （5）拱形屋架上弦裂缝，主要是因下陷预应力钢筋拉应力过大，屋架向上拱起较多，使上弦受拉而在顶部产生裂缝	严格控制混凝土配合比加强混凝土振捣，保证混凝土密实性和强度；预应力筋张拉和放松时，混凝土必须达到规定的强度；操作时，控制应力准确，并应缓慢放松预应力钢筋；卡具端部加弹性垫层（木或橡皮），或减缓卡具端头角度，并选用有效隔离剂，以防止和减少卡模现象；板面适当施加预应力，使纵肋预应力钢筋引起的反拱减少，提高板面抗拉度；在吊车梁、桁架、托架等构件的端部接点处，增配箍筋、螺旋筋或钢筋网片，并保证外围混凝土有足够的厚度；或减少张拉力或增大梁端截面的宽度。轻微的张拉裂缝，在结构受荷后会逐渐闭合，基本上不影响承载力，可不处理或采取涂刷环氧胶泥、粘贴环氧玻璃布等方法进行封闭处理；严重的裂缝，将明显降低结构刚度，应根据具体情况，采取预应力加固或钢筋混凝土围套、钢套箍加固等方法处理

质量通病现象	原 因 分 析	防 治 措 施
张拉过程中,预应力筋发生断裂或滑脱	在放张锚固过程中,部分钢丝内缩量超过预定值,产生滑脱,有的钢丝出现断裂。滑脱主要是由于锚具加工精度差,热处理不当以及夹片硬度不够,钢丝直径偏差过大,应力不匀等原因。钢丝断裂主要是由于钢丝受力不匀以及夹片硬度过大而造成	张拉过程中,为了保证构件的预应力受力均匀及构件达到设计要求的预应力值,通常可采取如下防治措施来严格控制滑脱和断裂的数量: (1) 预应力筋下料时,应随时检查其表面质量,如果局部线段不合格,那么应切除;预应力筋编束时,应当逐根理顺,捆扎成束,不可紊乱 (2) 预应力筋与锚具应良好匹配。现场实际使用的预应力筋与锚具,应该与预应力筋锚具组装件锚固性能试验用的材料一致,例如现场更换预应力筋与锚具,应重作组装件锚固性能试验 (3) 若张拉预应力筋时,锚具、千斤顶安装要准确 (4) 焊接时,不得利用钢绞线作为接地线,也不可发生电焊烧伤预应力筋与波纹管 (5) 预应力筋穿入孔道后,应当将其锚固夹持段及外端的浮锈和污物擦拭干净,以免钢绞线张拉锚固时夹片齿槽堵塞而导致钢绞线滑脱 (6) 当预应力张拉达到一定吨位后,若发现油压回落,再加油压又回落,这时有可能发生断丝,这时应当更换预应力筋后重新进行张拉

质量通病现象	原 因 分 析	防 治 措 施
张拉过程中，预应力筋发生断裂或滑脱	在放张锚固过程中，部分钢丝内缩量超过预定值，产生滑脱，有的钢丝出现断裂。滑脱主要是由于锚具加工精度差，热处理不当以及夹片硬度不够，钢丝直径偏差过大，应力不匀等原因。钢丝断裂主要是由于钢丝受力不匀以及夹片硬度过大而造成	（7）预应力筋张拉中应避免预应力筋断裂或滑脱。当发生断裂或滑脱时，应符合下列规定： 1）对后张法预应力结构构件，断裂或滑脱的数量严禁超过同一截面预应力筋总根数的3％，且每束钢丝或每根钢绞线不得超过一丝；对多跨双向连续板，其同一截面应按每跨计算 2）对先张法预应力构件，在浇筑混凝土前发生断裂或滑脱的预应力筋必须更换
预应力筋张拉值不准确	测力仪表读数不准确；冷拉钢筋强度未达到设计要求；预留孔道质量差；张拉力过大；伸长值量测不准；钢材弹性模量不均匀	（1）张拉设备应有专人维护和定期配套校验。校验时，应使千斤顶活塞的运行方向与实际张拉工作状态一致（即被动校验法） （2）操作时应缓慢回油，勿使油表指针受到撞击，以免影响仪表精度 （3）预应力筋的计算伸长值应按实际张拉值扣除摩阻损失值进行计算，并加上混凝土弹性压缩值 （4）量测伸长值时，为减少初应力对实测伸长值的影响，可先张拉钢筋，使之达到一定的初始应力 σ_0（取10％～25％ σ_{con} 作为初始应力值），然后分级量出相应的伸长值，用作图法求出总伸长值其中总伸长值 $\Delta L = \Delta L_1 + \Delta L_2$（图3-3）

质量通病现象	原 因 分 析	防 治 措 施
预应力筋张拉值不准确	测力仪表读数不准确；冷拉钢筋强度未达到设计要求；预留孔道质量差；张拉力过大；伸长值量测不准；钢材弹性模量不均匀	（5）实测伸长值小于计算值时，可适当提高张拉力加以补足，但最大张拉力不得大于规定热轧钢筋屈服强度的95％或钢丝、钢绞线及热处理钢筋的规定抗拉强度的75％ （6）张拉曲线预应力筋时，因摩阻损失大，伸长值小，因此要求预留孔道光洁，同时采取两端张拉，并考虑摩阻对伸长值的影响
板式构件，当预应力筋放松后发生严重翘曲	（1）台面或钢模板不平整，预应力筋位置不准确，保护层不一致，以及混凝土质量低劣等，使预应力筋对构件施加一个偏心荷载，这对截面较小构件尤为严重 （2）各根预应力所建立的张拉应力不一致。放张后对构件产生偏心荷载	（1）保证台面平整。一是做好台面的垫层。做法是：素土夯实后铺碎石垫层，再浇筑混凝土台面（8～10cm），最好用原浆抹面或表面用1：2水泥砂浆找平压光，防止表面空鼓、起砂、裂纹；二是防止温度变化引起台面开裂，要设置伸缩缝，其间距根据生产、构件的类型组合确定，尽量考虑避免构件跨越伸缩缝，一般10～20m为宜。必要时可对台面施加预应力；三是做好台面排水设施，一般台面应高于自然地面，以利排水 （2）钢模板要有足够的刚度，承受张拉时的变形控制在2mm以内 （3）确保预应力筋的保护层均匀一致

质量通病现象	原因分析	防治措施
板式构件，当预应力筋放松后发生严重翘曲	（1）台面或钢模板不平整，预应力筋位置不准确，保护层不一致，以及混凝土质量低劣等，使预应力筋对构件施加一个偏心荷载，这对截面较小构件尤为严重 （2）各根预应力所建立的张拉应力不一致。放张后对构件产生偏心荷载	（4）钢模板吊入蒸汽池内养护时，支承底座一定要平整。重叠码放时，钢模板上面要整洁，不能有残余的混凝土渣，以防构件翘曲 （5）成组张拉时，要确保预应力筋的长度一致。单根张拉时要考虑先后张拉应力损失不同，可用不等的超张拉系数或用重复张拉的方法调整 （6）放松预应力筋时要对称进行，避免构件受偏心冲击荷载
放松预应力钢丝时发生钢丝滑丝	钢丝表面不洁净，沾上油污；混凝土强度低，密实性差，放松速度过快	（1）保持钢丝表面洁净，严防油污。冷拔钢丝在使用前可进行4h汽蒸或水煮，温度保持在90℃以上 （2）采用废机油时，必须待台面上的油稍干后，洒上滑石粉才能铺放钢丝，并以木条将钢丝与台面隔开 （3）混凝土必须振捣密实；防止踩踏、敲击刚浇捣好混凝土的构件两端的外露钢丝 （4）预应力筋的放松一般应在混凝土达到设计强度的70%以上时进行（叠层生产的构件，则应待最后一层构件混凝土达到设计强度的70%以后）。放松时，最好先试剪1~2根预应力筋。如无滑动现象，再继续进行，并尽量保持平衡对称，以防产生裂缝和薄壁构件翘曲

质量通病现象	原 因 分 析	防 治 措 施
放松预应力钢丝时发生钢丝滑丝	钢丝表面不洁净，沾上油污；混凝土强度低，密实性差，放松速度过快	(5) 光面钢丝强度高，与混凝土粘结力差，一般在使用前应进行刻痕加工，以增强钢丝与混凝土的粘结力，提高钢丝抗滑能力
螺栓端杆与预应力粗钢筋对焊后，在冷拉或张拉时发生塑性变形	(1) 端杆强度低（端杆钢号低或热处理效果差）或者是由于冷拉或张拉应力过高 (2) 接头对焊质量不合格，违反先对焊后冷拉的规定；端杆材质或加工质量不符合要求	(1) 加强原材料检验，避免将 Q230 钢当作 45 号钢使用 (2) 选用适当的热处理工艺参数，确保螺栓端杆的质量达到设计要求 (3) 在不影响焊接质量的情况下，适当加大端杆直径，来降低螺栓端杆的使用应力 (4) 螺栓端杆加工后，须做硬度试验；合格后，才可与预应力筋对焊 (5) 螺栓端杆与预应力筋对焊后进行冷拉时，螺母的位置应该在螺栓端杆的端部，经过冷拉后螺栓端杆不得发生塑性变形 (6) 端杆螺纹发生塑性变形后，可以切除重焊新螺杆

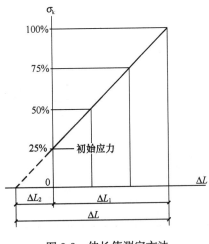

图 3-3　伸长值测定方法

3.1.4　灌浆及封锚

为了保证预应力工程灌浆及封锚的质量，要求相关工作人员必须熟悉质量问题的现象和防治方法。常见的预应力工程灌浆及封锚的质量问题列于表 3-10 中。

质量通病现象	原 因 分 析	防 治 措 施
预应力构件孔道灌浆不通畅	灌浆排气管（孔）与预应力筋孔道不通，或预应力筋孔道内有混凝土残渣、杂物，水泥浆内有硬块或杂物；灌浆泵、灌浆管与灌浆枪头未冲洗干净，留有水泥浆硬块与残渣等原因，致使水泥浆灌入预应力筋孔道内时不通畅，另端灌浆排气管（孔）不出浆，灌浆泵压力过大（>1MPa），灌浆枪头堵塞，导致孔道灌浆不饱满，甚至局部有露筋，会产生预应力筋严重锈蚀、断筋，使构件破坏	（1）在构件两端及跨中应设置灌浆孔、排气孔，其孔距不宜大于 12m；预埋波纹管不宜大于 24m。曲线孔道的波峰部位宜留置泌水孔。选用自锚头构件，在浇筑自锚头混凝土时，须在自锚孔内插一根 $\phi6mm$ 钢筋，等待混凝土初凝后拔出，形成排气孔，并保证排气孔（管）与孔道接通 （2）灌浆前应该全面检查预应力构件孔道及进浆孔、排气、排水孔是否畅通；检查灌浆设备、管道及阀门的可靠性，并且应再次冲洗，以防止被杂物堵塞，压浆泵、压力表应进行计量校验 （3）为了使孔道灌浆流畅，胶管、钢管抽芯制孔的孔道，应当用水冲洗排除杂物，并用压缩空气排除积水；预埋波纹管的孔道，应采用压缩空气排除积水和杂物 （4）水泥浆体进入压浆泵前，须经过不大于 5mm 筛孔的筛网过滤 （5）孔道灌浆顺序通常以先下层后上层孔道为宜，集中一处的孔道应一次完成，以避免孔道串浆。灌浆压力为 $0.4\sim0.6N/mm^2$，灌浆宜从中部的灌浆孔灌入，从两端的灌浆孔补满。灌浆应缓慢、均匀、连续地进行，不可中断，并应排气通顺，至构件两端的排气孔排出空气→水→稀浆→浓浆时为止。在灌满孔道并封闭排气孔后，宜再加压至 $0.5\sim0.6N/mm^2$，稍后采用木塞将灌浆孔堵塞 （6）每次灌浆完毕，须将所有的灌浆设备冲洗干净，下次灌浆前再次冲洗，以防止被杂物堵塞

质量通病现象	原 因 分 析	防 治 措 施
预应力构件孔道灌浆不通畅	同上页	（7）如果确认孔道已堵塞，应设法更换灌浆。再灌入，但须使两次灌入水泥浆之间的气体排出。如该法无效，那么应在孔道堵塞位置钻孔，继续向前灌浆，如另端排气孔也堵塞，就须重新钻孔
预应力构件孔道灌浆不密实	因为水泥与外加剂选用不当，水胶比偏大，使灌浆的浆液强度低，不密实。水泥浆配制时，其流动度和泌水率不符合要求，泌水率超标，浆液沉实过程中泌水多，使孔道顶部有较大的月牙形空隙，甚至有露筋现象；灌浆操作不仔细，灌浆速度太快，灌浆压力偏低，稳压时间不足等原因，导致孔道灌浆不密实，会引起预应力筋锈蚀，使预应力筋与构件混凝土不能有效的粘结，严重时会产生预应力筋断裂，使构件破坏	（1）灌浆用水泥宜采用强度等级不低于 32.5 级的普通硅酸盐水泥，水泥浆的水胶比宜为 0.4～0.45，流动度宜控制在 150～200mm。水泥浆 3h 泌水率宜控制在 2%，最大值不可超过 3%，水泥浆的强度不应该小于 30N/mm²，并每一工作班留取 1 组（6 块）试块，以便检查强度。为提高水泥浆的流动性，减少泌水和体积收缩，增加密实性，在水泥浆中可掺入 0.25% 的木质素磺酸钙，或 0.25%FON 或 0.5%NNO 减水剂，可减水 10%～15%，并且可掺入适量的膨胀剂，但是其自由膨胀率应小于 6%。但应当注意不可采用对预应力筋有腐蚀作用的外加剂 （2）灌浆应缓慢均匀地进行，不可中断，并且应排气通顺，灌浆压力为 0.4～0.6N/mm²，在灌满孔道并封闭排气孔后，再加压至 0.5～0.6N/mm²，稳压 2min 后再封闭灌浆孔 （3）灌浆后应从检查孔抽查灌浆的密实情况，例如孔道中月牙形空隙较大（深度＞3mm）或有露筋现象，应该及时用人工或机械补浆填实。对灌浆质量有怀疑的孔道部位，可采用冲击钻打孔检查，如孔道内灌浆不足，可用手压泵补浆

质量通病现象	原 因 分 析	防 治 措 施
曲线孔道与竖向孔道灌浆不密实	孔道灌浆后，水泥浆中的水泥向下沉，水向上浮，泌水趋向于聚集在曲线孔道的上曲部位，特别是大曲率曲线孔道的顶部，会产生较大的月牙形空隙，甚至有一长段空隙；或竖向孔道的顶部，留下空洞，当预应力筋为钢绞线时，因为灯芯作用，其泌水更多；水泥浆的水胶比大，未掺加减水剂与膨胀剂等，在竖向孔道内泌水更为明显；灌浆设备的压力不足，使水泥浆不能压送到位等均会导致浆体不密实、孔道顶部的泌水排不出去而形成空洞。曲线孔道的上曲部位和竖向孔道顶部的预应力筋如果没有水泥浆保护，会引起锈蚀，给工程产生隐患	（1）对曲线孔道与竖向孔道灌浆用的水泥浆，应按照不同类型的孔道要求进行试配，合格后才可使用 （2）对于高差大于 0.5m 的曲线孔道，应在其上曲部位设置泌水管（也可作灌浆用），见图 3-4。泌水管应伸出梁顶面 400mm，从而使泌水向上浮，水泥向下沉，使曲线孔道的上曲部位灌浆密实 （3）对于高度大的竖向孔道，可在孔道顶部设置重力补浆装置，见图 3-5；也可在低于孔道顶部处用手工灌浆进行二次灌浆排除泌水，使孔道顶部浆体密实。灌浆方法可采取一次到顶或分段接力灌浆，按照孔道高度与灌浆泵的压力等确定。孔道灌浆压力最大限制为 1.8N/mm²。分段灌浆时要避免接浆处憋气 （4）孔道灌浆后，应该检查孔道顶部灌浆密实情况，例如有空隙，应采用人工徐徐补入水泥浆，使空气逸出，孔道密实

质量通病现象	原 因 分 析	防 治 措 施
预应力构件金属波纹管孔道灌浆漏浆	因为金属波纹管没有出厂合格证，进场又未验收，混入劣质产品，管刚度差，咬口不牢，表面有锈蚀等；波纹管接长处、波纹管与喇叭管连接处、波纹管与灌浆排气管接头处等接口封闭不严密；波纹管遭意外破损（如被电焊火花烧伤管壁、先穿束时被预应当力筋戳撞使咬口开裂、浇筑混凝土被振动棒碰伤管壁等）或波纹管反复弯曲使管壁开裂等原因，导致在浇筑构件混凝土时，金属波纹管孔道内漏进水泥浆，使孔道截面面积减小，增加摩阻力；严重时使穿筋困难，甚至没有办法穿入。当采用先穿束工艺时，漏入水泥浆将会凝固钢束，导致无法张拉	（1）金属波纹管应有产品合格证和质量检验单，各项指标应当符合行业标准要求；进场后应当抽样检查其外观质量和进行灌水试验，合格后才可使用 （2）金属波纹管可选用大一号同型波纹管接长，接头管的长度为200～300mm，在接头处波纹管应居中碰口，接头管两端用密封胶带或塑料热塑管封裹，见图3-6 （3）当波纹管与张拉端喇叭管连接时，波纹管应顺着孔道线形，插入喇叭口内至少50mm，并且用密封胶带封裹；波纹管与埋入式固定端钢绞线连接时，可选用水泥胶泥或棉丝与胶带封堵；灌浆排气管与波纹管的连接，见图3-7，其作法是在波纹管上开洞，采用带嘴的塑料弧形压板与海绵垫片覆盖并用钢丝扎牢，再将增强塑料管（外径20mm，内径16mm）插在嘴上用钢钉固定并伸出梁面约400mm 为避免排气管与波纹管连接处漏浆，波纹管上可先不开洞，而在外插塑料管内插一根钢筋，等待孔道灌浆前再用钢筋打穿波纹管，找出钢筋，形成排气孔 （4）波纹管在安装过程中，应尽可能避免反复弯曲，如遇折线孔道，应采取圆弧过渡，不可折死角，以防管壁开裂。安装后应加强保护，避免电焊火花烧伤管壁；避免普通钢筋戳穿或压伤管壁；防止先穿束时，使管壁受损；浇筑混凝土时应有专人看护，保护张拉端埋件、波纹管、排气孔等，如果发现破损及时修复 （5）例如波纹管堵塞，应查明堵塞位置，凿开疏通

质量通病现象	原 因 分 析	防 治 措 施
锚具在预应力筋张拉锚固后无保护封闭措施	后张预应力筋的锚具多配置在结构的端面，易受外力冲击和雨水浸入，且处于高应力状态下，锚具极易锈蚀和受到机械损伤，影响锚具的耐久性	锚具在预应力筋张拉锚固后应该采取防止锚具锈蚀和遭受机械损伤的保护封闭措施，并在施工技术方案中按设计要求作出具体规定。当设计无具体要求时，应符合下列规定： (1) 应该采取防止锚具腐蚀和遭受机械损伤的有效措施 (2) 凸出式锚固端锚具的保护层厚度不应该小于 50mm (3) 外露预应力筋的保护层厚度：处于正常环境时，不应小于 20mm；处于容易受腐蚀的环境时，不应小于 50mm (4) 后张法预应力筋锚固后外露部分宜选用无齿锯切割，其外露长度不宜小于预应力筋直径的 1.5 倍，且不宜小于 30mm

质量通病现象	原 因 分 析	防 治 措 施
无粘结预应力筋的锚固区无严格的防护密封措施	无粘结预应力筋的锚固区若无严格的防护密封措施，在雨水、水汽的侵蚀下，预应力筋及锚具极易锈蚀，影响无粘结预应力混凝土的耐久性	无粘结预应力筋的锚固区，须有严格的防护密封措施，并且在施工技术方案中作出具体规定，严防雨水、水汽锈蚀预应力筋 （1）对镦头锚具，在张拉完毕后，立即用油枪通过锚环注油孔向连接套管内注入足量防腐油脂（以油脂从另一注油孔溢出为止），然后再用防腐油脂将锚环内充填密实，并且用塑料或金属帽盖严，再在锚具与承压板表面涂以防止水涂料 （2）对于夹片锚具，先切除无粘结预应力筋多余长度，然后在锚具与承压板表面涂以防水涂料 （3）在槽口内壁先涂以环氧树脂粘结剂，然后浇筑膨胀混凝土或者低收缩防水砂浆或环氧砂浆密封槽口。锚固区也可采用后浇的外包钢筋混凝土圈梁进行封闭，但是外包圈架不宜突出在外墙面以外 （4）对于不可用混凝土或砂浆包裹层的部位，应该对无粘结预应力筋的锚具全部涂以与预应力筋涂料层相同的防腐油脂，并且用具有可靠防腐和防火性能的保护套将锚具全部密封

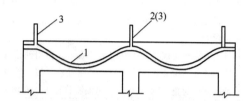

图 3-4　多跨曲线孔道灌浆泌水管的设置

1—曲线孔道；2—灌浆泌水管；3—泌水管

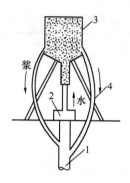

图 3-5　重力罐补浆装置

1—竖向孔道；2—锚具；3—补浆罐；4—补浆软管

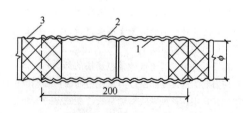

图 3-6　波纹管的连接

1—波纹管；2—接头管；3—密封胶带

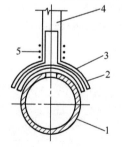 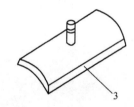

图 3-7　波纹管上留灌浆排气管

1—波纹管；2—海绵垫片；3—塑料弧形压板；4—塑料管；5—钢丝扎紧

3.2 预应力工程质量标准及验收方法

3.2.1 一般规定

（1）浇筑混凝土前，应进行预应力隐蔽工程验收。隐蔽工程验收应包括下列主要内容：

1）预应力筋的品种、规格、级别、数量和位置。

2）成孔管道的规格、数量、位置、形状、连接以及灌浆孔、排气兼泌水孔。

3）局部加强钢筋的牌号、规格、数量和位置。

4）预应力筋锚具和连接器及锚垫板的品种、规格、数量和位置。

（2）预应力筋、锚具、夹具、连接器、成孔管道的进场检验，当满足下列条件之一时，其检验批容量可扩大一倍：

1）获得认证的产品。

2）同一厂家、同一品种、同一规格的产品，连续三批均一次检验合格。

（3）预应力筋张拉机具及压力表应定期维护和标定。张拉设备和压力表应配套标定和使用，标定期限不应超过半年。

3.2.2 材料

预应力工程材料的质量标准及验收方法应符合表 3-11 的规定。

表 3-11

项目	合格质量标准	检查数量	检验方法
主控项目	预应力筋进场时，应按国家现行标准《预应力混凝土用钢绞线》（GB/T 5224—2014）、《预应力混凝土用钢丝》（GB/T 5223—2014）、《预应力混凝土用螺纹钢筋》（GB/T 20065—2006）和《无粘结预应力钢绞线》（JG 161—2004）抽取试件作抗拉强度、伸长率检验，其检验结果应符合相应标准的规定	按进场的批次和产品的抽样检验方案确定	检查质量证明文件和抽样检验报告
	无粘结预应力钢绞线进场时，应进行防腐润滑脂量和护套厚度的检验，检验结果应符合现行行业标准《无粘结预应力钢绞线》（JG 161—2004）的规定 经观察认为涂包质量有保证时，无粘结预应力筋可不作油脂量和护套厚度的抽样检验	按现行行业标准《无粘结预应力钢绞线》（JG 161—2004）的规定确定	观察，检查质量证明文件和抽样检验报告
	预应力筋用锚具应和锚垫板、局部加强钢筋配套使用，锚具、夹具和连接器进场时，应按现行行业标准《预应力筋用锚具、夹具和连接器应用技术规程》（JGJ 85—2010）的相关规定对其性能进行检验，检验结果应符合该标准的规定 锚具、夹具和连接器用量不足检验批规定数量的 50%，且供货方提供有效的试验报告时，可不作静载锚固性能试验	按现行行业标准《预应力筋用锚具、夹具和连接器应用技术规程》（JGJ 85—2010）的规定确定	检查质量证明文件、锚固区传力性能试验报告和抽样检验报告

项目	合格质量标准	检查数量	检验方法
主控项目	处于三 a、三 b 类环境条件下的无粘结预应力筋用锚具系统，应按现行行业标准《无粘结预应力混凝土结构技术规程》（JGJ 92—2004）的相关规定检验其防水性能，检验结果应符合该标准的规定	同一品种、同一规格的锚具系统为一批，每批抽取 3 套	检验质量证明文件和抽样检验报告
	孔道灌浆用水泥应采用硅酸盐水泥或普通硅酸盐水泥，水泥、外加剂的质量应分别符合《混凝土结构工程施工质量验收规范》（GB 50204—2015）第 7.2.1 条、第 7.2.2 条的规定；成品灌浆材料的质量应符合现行国家标准《水泥基灌浆材料应用技术规范》（GB/T 50448—2015）的规定	按进场批次和产品的抽样检验方案确定	检查质量证明文件和抽样检验报告
一般项目	预应力筋进场时，应进行外观检查，其外观质量应符合下列规定： （1）有粘结预应力筋的表面不应有裂纹、小刺、机械损伤、氧化铁皮和油污等，展开后应平顺、不应有弯折 （2）无粘结预应力钢绞线护套应光滑、无裂缝、无明显褶皱；轻微破损处应外包防水塑料胶带修补，严重破损者不得使用	全数检查	观察
	预应力筋用锚具、夹具和连接器进场时，应进行外观检查，其表面应无污物、锈蚀、机械损伤和裂纹	全数检查	观察

项目	合格质量标准	检查数量	检验方法
一般项目	预应力成孔管道进场时，应进行管道外观质量检查、径向刚度和抗渗漏性能检验，其检验结果应符合下列规定： （1）金属管道外观应清洁，内外表面应无锈蚀、油污、附着物、孔洞；波纹管不应有不规则褶皱，咬口应无开裂、脱扣；钢管焊缝应连续 （2）塑料波纹管的外观应光滑、色泽均匀，内外壁不应有气泡、裂口、硬块、油污、附着物、孔洞及影响使用的划伤 （3）径向刚度和抗渗漏性能应符合现行行业标准《预应力混凝土桥梁用塑料波纹管》（JT/T 529—2004）和《预应力混凝土用金属波纹管》（JG 225—2007）的规定	外观应全数检查；径向刚度和抗渗漏性能的检查数量应按进场的批次和产品的抽样检验方案确定	观察，检查质量证明文件和抽样检验报告

3.2.3 制作与安装

预应力筋制作与安装的质量标准及验收方法应符合表 3-12 的规定。

预应力筋制作与安装的质量标准及验收方法 表 3-12

项目	合格质量标准	检查数量	检验方法
主控项目	预应力筋安装时，其品种、规格、级别和数量必须符合设计要求	全数检查	观察，尺量
	预应力筋的安装位置应符合设计要求	全数检查	观察，尺量

项目	合格质量标准	检查数量	检验方法
一般项目	预应力筋端部锚具的制作质量应符合下列规定： （1）钢绞线挤压锚具挤压完成后，预应力筋外端露出挤压套筒的长度不应小于1mm （2）钢绞线压花锚具的梨形头尺寸和直线锚固段长度不应小于设计值 （3）钢丝镦头不应出现横向裂纹，镦头的强度不得低于钢丝强度标准值的98%	对挤压锚，每工作班抽查5%，且不应少于5件；对压花锚，每工作班抽查3件。对钢丝镦头强度，每批钢丝检查6个镦头试件	观察，尺量，检查镦头强度试验报告
	预应力筋或成孔管道的安装质量应符合下列规定： （1）成孔管道的连接应密封 （2）预应力筋或成孔管道应平顺，并应与定位支撑钢筋绑扎牢固 （3）锚垫板的承压面应与预应力筋或孔道曲线末端垂直，预应力筋或孔道曲线末端直线段长度应符合表3-13规定 （4）当后张有粘结预应力筋曲线孔道波峰和波谷的高差大于300mm，且采用普通灌浆工艺时，应在孔道波峰设置排气孔	全数检查	观察，尺量
	预应力筋或成孔管道定位控制点的竖向位置偏差应符合表3-14的规定，其合格点率应达到90%及以上，且不得有超过表中数值1.5倍的尺寸偏差	在同一检验批内，应抽查各类型构件总数的10%，且不少于3个构件，每个构件不应少于5处	尺量

预应力筋曲线起始点与张拉锚固点之间直线段最小长度 表 3-13

预应力筋张拉控制力 N/kN	$N \leqslant 1500$	$1500 < N \leqslant 6000$	$N > 6000$
直线段最小长度/mm	400	500	600

预应力筋或成孔管道定位控制点的竖向位置允许偏差 表 3-14

构件截面高（厚）度/mm	$h \leqslant 300$	$300 < h \leqslant 1500$	$h > 1500$
允许偏差/mm	±5	±10	±15

3.2.4 张拉和放张

预应力筋张拉和放张的质量标准及验收方法应符合表 3-15 的规定。

预应力筋张拉和放张的质量标准及验收方法 表 3-15

项目	合格质量标准	检查数量	检验方法
主控项目	预应力筋张拉或放张前，应对构件混凝土强度进行检验。同条件养护的混凝土立方体试件抗压强度应符合设计要求，当设计无要求时应符合下列规定： （1）应符合配套锚固产品技术要求的混凝土最低强度且不应低于设计混凝土强度等级值的 75% （2）对采用消除应力钢丝或钢绞线作为预应力筋的先张法构件，不应低于 30MPa	全数检查	检查同条件养护试件试验报告

项目	合格质量标准	检查数量	检验方法
主控项目	对后张法预应力结构构件，钢绞线出现断裂或滑脱的数量不应超过同一截面钢绞线总根数的 3％，且每根断裂的钢绞线断丝不得超过一丝；对多跨双向连续板，其同一截面应按每跨计算	全数检查	观察，检查张拉记录
	先张法预应力筋张拉锚固后，实际建立的预应力值与工程设计规定检验值的相对允许偏差为±5％	每工作班抽查预应力筋总数的 1％，且不应少于 3 根	检查预应力筋应力检测记录
一般项目	预应力筋张拉质量应符合下列规定： （1）采用应力控制方法张拉时，张拉下预应力筋的实测伸长值与计算伸长值的相对允许偏差为±6％ （2）最大张拉应力不应大于现行国家标准《混凝土结构工程施工规范》（GB 50666—2011）的规定	全数检查	检查张拉记录
	先张法预应力构件，应检查预应力筋张拉后的位置偏差，张拉后预应力筋的位置与设计位置的偏差不应大于 5mm，且不应大于构件截面短边边长的 4％	每工作班抽查预应力筋总数的 3％，且不应少于 3 束	尺量

3.2.5 灌浆及封锚

预应力筋灌浆及封锚的质量标准及验收方法应符合表 3-16 的规定。

预应力筋灌浆及封锚的质量标准及验收方法

表 3-16

项目	合格质量标准	检查数量	检验方法
主控项目	预留孔道灌浆后，孔道内水泥浆应饱满、密实	全数检查	观察，检查灌浆记录
	现场搅拌的灌浆用水泥浆的性能应符合下列规定： （1）3h 自由泌水率宜为 0，且不应大于 1%，泌水应在 24h 内全部被水泥浆吸收 （2）水泥浆中氯离子含量不应超过水泥重量的 0.06% （3）当采用普通灌浆工艺时，24h 自由膨胀率不应大于 6%；当采用真空灌浆工艺时，24h 自由膨胀率不应大于 3%	同一配合比检查一次	检查水泥浆配比性能试验报告
	现场留置的孔道灌浆料试件的抗压强度不应低于 30MPa 试件抗压强度检验应符合下列规定： （1）每组应留取 6 个边长为 70.7mm 的立方体试件，并应标准养护 28d （2）试件抗压强度应取 6 个试件的平均值；当一组试件中抗压强度最大值或最小值与平均值相差超过 20% 时，应取中间 4 个试件强度的平均值	每工作班留置一组	检查试件强度试验报告
	锚具的封闭保护措施应符合设计要求。当设计无要求时，外露锚具和预应力筋的混凝土保护层厚度不应小于：一类环境时 20mm，二 a、二 b 类环境时 50mm，三 a、三 b 类环境时 80mm	在同一检验批内，抽查预应力筋总数的 5%，且不应少于 5 处	观察，尺量

项目	合格质量标准	检查数量	检验方法
一般项目	后张法预应力筋锚固后的锚具外的外露长度不应小于预应力筋直径的 1.5 倍，且不应小于 30mm	在同一检验批内，抽查预应力筋总数的 3%，且不应少于 5 束	观察，尺量

4 混凝土工程

4.1 质量通病原因分析及防治措施

4.1.1 原材料

为了保证混凝土工程原材料的质量，要求相关工作人员必须熟悉质量问题的现象和防治方法。常见的混凝土工程原材料的质量问题列于表 4-1 中。

混凝土工程原材料质量通病分析及防治措施 表 4-1

质量通病现象	原 因 分 析	防 治 措 施
混凝土中的粉煤灰混合材料掺量过多	粉煤灰掺量过多，混凝土收缩率过大，在混凝土浇捣约 4h 后，结构表面出现不规则塑性裂缝	混凝土中粉煤灰的掺量应符合以下规定： (1) 现场、试验室和混凝土生产厂应执行《粉煤灰混凝土应用技术规范》（GB/T 50146—2014）和《用于水泥和混凝土中的粉煤灰》（GB 1596—2005）的规定 (2) 拌制混凝土应保证计量设备完好，精度合格，坚持过磅，粉煤灰计量的允许偏差为±2%，不得任意调整混凝土配合比中的粉煤灰掺量，怀疑混凝土配合比时应通过原混凝土配合比设计的试验室进行处理 (3) 粉煤灰在混凝土中的掺量应通过试验确定，最大掺量宜符合表 4-2 的规定

质量通病现象	原　因　分　析	防　治　措　施
用未经检验的当地河水、工业废水或海水拌制混凝土	未经检验的当地河水、工业废水可能混有不溶物、氯化物、硫酸盐、硫化物等有害杂质，影响混凝土的和易性和凝结，降低混凝土的耐久性；海水中的氯离子向混凝土内渗透，使混凝土内的钢筋及预应力筋产生电化学腐蚀，铁锈膨胀而把混凝土胀裂（即通常所谓钢筋锈蚀膨胀裂缝），特别是高强度钢丝，因表面积大而截面积小，锈蚀对其危害更大	当地河水、工业废水或海水在使用前应取样试测，水中的物质含量须满足拌和用水标准，见表 4-3。与此同时还应用待检验水进行水泥初、终凝时间检测以及配制水泥砂浆或混凝土作 28d 抗压强度检测，合格后才可使用
对重要工程的混凝土所使用的骨料未做碱活性检验	混凝土组成物中的水泥、外加剂与骨料中碱活性矿物及环境中的碱在潮湿环境下缓慢发生，并导致混凝土开裂破坏的膨胀反应称为碱骨料反应。由于未进行骨料的碱活性试验，导致某些含有活性 SiO_2 量较大的骨料投入使用，这些骨料中含有蛋白石、硅质岩或镁质岩等活性氧化硅，与高碱水泥中的碱反应生成碱硅酸凝胶，吸水后体积膨胀而使混凝土崩裂	对重要工程的混凝土所使用的碎石或卵石进场后应做碱活性检验。进行碱活性试验时，首先应该采用岩相法检验碱活性骨料的品种、类型和数量。若骨料中含有活性 SiO_2 时，应采用化学法和砂浆长度法进行检验，若含有活性碳酸盐骨料时，应该采用岩石柱法进行检验 经上述检验，骨料判定为有潜在危害时，属碱－碳酸盐反应的，不宜作混凝土骨料，如果必须使用，应该以专门的混凝土试验结果做出最后评定；潜在危害属碱－硅反应的，应遵守以下规定方可使用： （1）控制单位水泥用量，使水泥中总碱量在引起膨胀的碱量以下，或者使用碱量（以 Na_2O 计）小于 0.6% 的水泥（低碱水泥）或者采用能抑制碱-骨料反应的掺合料 （2）如果使用含钾、钠离子的混凝土外加剂时，须进行专门试验 （3）控制混凝土中的总碱量（以 Na_2O 计），每立方米混凝土中总碱量应该在 3kg 以下，考虑其他因素（海水等）总碱量应控制在 2.5kg 以下

质量通病现象	原 因 分 析	防 治 措 施
混凝土中缓凝型减水剂使用不当	缓凝型减水剂掺量过多，会使混凝土在浇筑后较长时间内无法凝结硬化。若以干粉掺入，其中未碾成粉的粒状颗粒遇水膨胀，导致混凝土表面起鼓包。夏季施工时，缓凝减水剂选择不当，缓凝时间不够，过快结硬，会导致过早出现收缩裂缝	在混凝土中掺加缓凝型减水剂时应注意以下几点： （1）应熟悉各类缓凝型外加剂的品种和使用性能。在使用前必须结合工程的特点与施工工艺进行试验，确定合适的配合比，符合要求后才能使用 （2）不同品种、不同用途的外加剂应分别堆放、专职保管 （3）粉状外加剂要保持干燥，防止受潮结块。已结块的粉状外加剂应烘干、碾碎，过0.6mm筛后使用 （4）如果缓凝减水剂掺量过多，会造成混凝土长时间不凝结，应延长养护时间，使混凝土后期强度达到设计要求时才能使用
粗骨料粒径过大，颗粒级配不连续	粗骨料粒径过大，用在钢筋间距较小的结构中，会产生混凝土浇灌不到位，石子被钢筋卡住，混凝土产生蜂窝、孔洞的质量问题。颗粒级配不连续，将增加混凝土中的用水量和水泥用量，降低混凝土的和易性，使混凝土产生分层、离析现象	混凝土用的粗骨料粒径应根据混凝土性能要求、结构截面尺寸、钢筋间距等进行选择，其最大粒径不应超过构件截面最小尺寸的1/4，且不应超过钢筋最小净间距的3/4；对实心混凝土板，粗骨料的最大粒径不宜超过板厚的1/3，且不应超过40mm。粗骨料宜采用连续粒级，也可用单粒级组合成满足要求的连续粒级。粗骨料的颗粒级配范围应符合表4-4的规定

质量通病现象	原 因 分 析	防 治 措 施
轻骨料颗粒级配不均，附加汗水流程或粗骨料面干含水量不准	因为轻骨料颗粒级配匀质性差，附加含水率或粗骨料面干含水率测试不准，缺乏代表性，致使用同一配合比配制的轻骨料混凝土拌合物，随机抽查的坍落度，各次测定值不一，且差值较大，通常大于20mm；坍落度损失较普通混凝土在相同流动性的条件下明显较快，通常可达20mm以上，导致混凝土坍落度波动大、损失快，影响混凝土的浇筑质量	（1）配制轻骨料混凝土用的轻（粗）骨料，应选用同一厂别、产地和同一品种规格，并尽可能一次性进场。若分批进场，则应该分批检验其附加用水量和饱和含水率，进行用水量的调整，以利于确保坍落度的稳定性 （2）采用同一厂别、产地和同一规格的颗粒级配匀质性较好的砂子为细骨料。细度模粒的波动不宜大于0.3～0.4。配制全轻混凝土时，轻（细）骨料也应满足此类要求 （3）测定附加用水量或面干含水率的试样应有代表性。当进场轻（粗）骨料有变化时，应该及时测定附加用水量，调整总水胶比值，以确保坍落度和强度的稳定 （4）对采用饱和面干法进行处理后的轻（粗）骨料，应当及时用塑料薄膜或塑料布加以覆盖，避免水分蒸发。炎热季节应经常核查，如果有变化应及时进行处理和调整。常温季节也宜随处理随调整。贮存期用量以不超过4～8h的施工量为宜。阴雨潮湿天气，贮存量可适当增加

粉煤灰的最大掺量（％）　　　　　　　　　　　表 4-2

混凝土种类	硅酸盐水泥		普通硅酸盐水泥	
	水胶比≤0.4	水胶比>0.4	水胶比≤0.4	水胶比>0.4
预应力混凝土	30	25	25	15
钢筋混凝土	40	35	35	30
素混凝土	55		45	
碾压混凝土	70		65	

注：1. 对浇筑量比较大的基础钢筋混凝土，粉煤灰最大掺量可增加 5%～10%。

　　2. 当粉煤灰掺量超过本表规定时，应进行试验论证。

混凝土拌和用水水质要求　　　　　　　　　　　表 4-3

项　目	预应力混凝土	钢筋混凝土	素混凝土
pH 值	≥5.0	≥4.5	≥4.5
不溶物/（mg/L）	≤2000	≤2000	≤5000
可溶物/（mg/L）	≤2000	≤5000	≤10000
Cl^-/（mg/L）	≤500	≤1000	≤3500
SO_4^{2-}/（mg/L）	≤600	≤2000	≤2700
碱含量/（mg/L）	≤1500	≤1500	≤1500

注：碱含量按 $Na_2O+0.658K_2O$ 计算值来表示。采用非碱活性骨料时，可不检验碱含量。

粗骨料的颗粒级配范围

表 4-4

级配情况	公称粒级/ mm	累计筛余，按质量（%）											
		方孔筛筛孔边长尺寸/mm											
		2.36	4.75	9.5	16.0	19.0	26.5	31.5	37.5	53	63	75	90
连续粒级	5～10	95～100	80～100	0～15	0	—	—	—	—	—	—	—	—
	5～16	95～100	85～100	30～60	0～10	0	—	—	—	—	—	—	—
	5～20	95～100	90～100	40～80	—	0～10	0	—	—	—	—	—	—
	5～25	95～100	90～100	—	30～70	—	0～5	0	—	—	—	—	—
	5～31.5	95～100	90～100	70～90	—	15～45	—	0～5	0	—	—	—	—
	5～40	—	95～100	70～90	—	30～65	—	—	0～5	0	—	—	—
单粒级	10～20	—	95～100	85～100	—	0～15	0	—	—	—	—	—	—
	16～31.5	—	95～100	—	85～100	—	—	0～10	0	—	—	—	—
	20～40	—	—	95～100	—	80～100	—	—	0～10	0	—	—	—
	31.5～63	—	—	—	95～100	—	—	75～100	45～75	—	0～10	0	—
	40～80	—	—	—	—	95～100	—	—	70～100	—	30～60	0～10	0

4.1.2 混凝土配合比设计

为了保证混凝土配合比设计的质量，要求相关工作人员必须熟悉质量问题的现象和防治方法。常见的混凝土配合比设计的质量问题列于表 4-5 中。

混凝土配合比质量通病分析及防治措施

表 4-5

质量通病现象	原 因 分 析	防 治 措 施
施工时不通过试验进行试配而随意套用经验配合比	施工现场的条件变化很大，例如工程特点、组成材料的质量、施工方法等都会有很大差别，如果不用试验室根据现场原材料、混凝土强度等级、耐久性和工作性等要求进行试配的混凝土配合比，随意套用经验配合比，会由于原材料不符、现场条件估计不足而造成混凝土强度等技术条件达不到设计要求，也可能由于过于保守而浪费了水泥。套用经验配合比无法确保混凝土质量	(1) 混凝土配合比应按照国家现行标准《普通混凝土配合比设计规程》(JGJ 55—2011) 的有关规定，按照混凝土强度等级、耐久性和工作性等要求进行配合比设计 有特殊要求的混凝土，其配合的设计还应符合国家现行有关标准的专门规定 (2) 混凝土配合比，由试验室根据工程特点、现场送样材料的质量、施工方法等因素，经过理论计算和试配、试验和再调整来合理确定。对于泵送混凝土配合比应该考虑泵送的垂直距离和水平距离，弯头设置、泵送设备的技术条件等因素，按有关规定设计，并应该符合现行国家标准《混凝土结构工程施工规范》(GB 50666—2011) 的规定 (3) 由试验室经试配确定的配合比设计资料，在施工中还应测定砂、石含水率，并按照测试结果调整材料用量，提出施工配合比
混凝土拌合物中水泥用量过大	为确保混凝土强度等级、耐久性和工作性，混凝土必须要有足够的水泥用量。但若水泥用量过大时，首先混凝土拌合物黏聚力大，成团，不易浇筑，经济上也不合理；其次会使混凝土内部水化热提高，内外温差增大，在结构中易产生温差裂缝；而且水泥用量过大，还会增加混凝土的收缩量，容易引起收缩裂缝，这些均会影响混凝土构件的质量	混凝土中的水泥用量应根据工程结构形式、使用功能以及采用的水泥品种，由试验室经计算、试配、试验而定。由试验室计算所得每立方米混凝土水泥用量须符合《普通混凝土配合比设计规程》(JGJ 55—2011) 中规定的最小水泥用量（见表 4-6）和最大水泥用量不可大于 550kg/m³ 的规定

续表

质量通病现象	原 因 分 析	防 治 措 施
泵送混凝土配合比设计时，未考虑泵送高度的影响	泵送混凝土为用混凝土泵沿管道输送和浇筑的一种大流动度的混凝土。这种混凝土要求具有一定的流动性和较好的黏塑性、泌水小、不易分离等特性。泵送高度越高，对混凝土的这种特性要求越严格，否则在重力作用下，混凝土拌合物越容易离析，坍落度损失越大，越容易造成泵送困难、堵管事故	泵送混凝土配合比设计应根据混凝土泵材料、混凝土运输距离、混凝土泵与混凝土输送管径、泵送距离、气温等具体施工条件试配。必要时，应通过试泵送确定泵送混凝土的配合比 （1）泵送混凝土的坍落度，可按国家现行标准《混凝土泵送施工技术规程》（JGJ/T 10—2011）的规定选用。对不同泵送高度，入泵时混凝土的坍落度可按表 4-7 选用 （2）粗骨料的粒径、级配和形状对混凝土拌合物的可泵性有着十分重要的影响。粗骨料最大粒径与输送管的最小内径有直接的关系，应符合表 4-8 的规定 （3）泵送混凝土的用水量与水泥与矿物掺合料的总量之比不宜大于 0.60；水泥与矿物掺合料的总量不宜小于 300kg/m³；砂率宜为 35%～45% （4）泵送混凝土应掺适量外加剂，其品种和掺量宜由试验确定，不得任意使用。掺用引气型外加剂时，其混凝土的含气量不宜大于 4%

混凝土的最大水胶比和最小胶凝材料用量　　　　表 4-6

最大水胶比	最小胶凝材料用量/（kg/m³）		
	素混凝土	钢筋混凝土	预应力混凝土
0.60	250	280	300
0.55	280	300	300
0.50	320		
≤0.45	330		

177

混凝土入泵坍落度与泵送高度关系表

表 4-7

最大泵送高度/m	50	100	200	400	400 以上
入泵坍落度/mm	100～140	150～180	190～220	230～260	—
入泵扩展度/mm	—	—	—	450～590	600～740

混凝土输送管的最小内径要求

表 4-8

粗骨料最大粒径/mm	输送管最小内径/m
25	125
40	150

4.1.3 混凝土施工

为了保证混凝土施工的质量，要求相关工作人员必须熟悉质量问题的现象和防治方法。常见的混凝土施工的质量问题列于表 4-9 中。

混凝土施工质量通病分析及防治措施

表 4-9

质量通病现象	原 因 分 析	防 治 措 施
浇筑商品混凝土时，现场不做混凝土试块	现场施工图省事，浇筑商品混凝土时不留试块，用商品混凝土搅拌站留置的试块作为评定结构构件混凝土质量的试件，这种做法不符合规范要求，因为商品混凝土搅拌站留置的试块只能作为生产方控制和检验其生产质量的依据，商品混凝土出厂后在运输中混凝土坍落度有损失，混凝土配合比发生了变化等情况，使用方在浇筑商品混凝土时均应检验把关，浇筑时留置试块能真实的代表商品混凝土的质量	施工单位必须加强对进场商品混凝土的检查验收，商品混凝土厂方应向使用混凝土的项目部提供混凝土质量保证资料，包括原材料质保单、混凝土配合比、混凝土强度试验报告单及每车携带的混凝土出厂时间等记录。现场管理人员应核对混凝土配合比是否符合混凝土供应合同的有关技术要求，并检查混凝土的出厂时间，抽查混凝土坍落度，符合要求后浇筑混凝土，并按规定留置混凝土试块

质量通病现象	原 因 分 析	防 治 措 施
混凝土搅拌时间短，不按顺序振捣混凝土	(1) 混凝土搅拌时间短，会使混凝土拌和不均匀，和易性差 (2) 振捣混凝土未按规定顺序进行，局部漏振或振捣方法不当，导致局部的砂、石子不均匀，混凝土疏松不密实，出现蜂窝状孔洞，尤其在钢筋密集部位容易出现混凝土蜂窝、孔洞	(1) 浇筑混凝土前应合理安排各工序操作人员的分工，保持良好的施工秩序，混凝土应拌和均匀，颜色一致 (2) 当采用振捣器振捣混凝土时，每一振点的振捣延续时间，应使混凝土表面出现浮浆和不再沉落，并控制好混凝土下料时间和数量，竖向结构采用在侧模板上开口浇捣后再封模板的方法，保证达到混凝土振捣的作用半径 　1) 当采用插入式振捣器时，振捣普通混凝土的移动间距不宜大于振捣器作用半径的 1.5 倍（一般振捣器作用半径为 300～400mm） 　2) 振捣轻集料混凝土的移动间距不宜大于其作用半径 　3) 振捣器与模板的距离不应大于其作用半径的 0.5 倍 (3) 振捣器应避免碰撞钢筋、模板、芯管、吊环、预埋件或空心胶囊等 (4) 振捣器插入下层混凝土内的深度不小于 50mm；振捣器插点应均匀排列，可按平行或交错顺序移动，不可混用，防止漏振 (5) 当在钢筋密集处机械振捣有困难时，可采用人工捣固，浇筑大体积混凝土应合理地分段分层进行，使混凝土沿高度方向均匀上升 (6) 当采用表面振动器时，其移动间距应保证振动器的平板能覆盖已振实部分的边缘 (7) 当采用附着式振动器时，其设置间距应通过试验确定，并应与模板紧密连接 (8) 当采用振动台振实干硬性混凝土和轻集料混凝土时，宜采用加压振动的方法，压力为 1～3kN/mm²

质量通病现象	原 因 分 析	防 治 措 施
拌制混凝土时，投料顺序不当	投料顺序不当，容易引起水泥飞扬，污染环境；或粘罐，改变混凝土的浆骨比，混凝土强度降低；或加剧机械磨损	拌制混凝土时应采取正确的投料方法，一般常采取以下几种方法： （1）一次投料法　一次投料法是将骨料、水泥和水一次性加入搅拌筒内。对于自落式搅拌机，常采用的搅拌顺序是先倒粗骨料，再倒水泥，然后倒入细骨料，将水泥夹在粗、细骨料之间，最后加水搅拌，来减少搅拌时水泥飞扬和粘罐。 （2）二次投料法　二次投料法可分为预拌水泥砂浆法和预拌水泥净浆法两种。 1）预拌水泥砂浆法　是先将水泥、细骨料和水加入搅拌筒内进行充分搅拌，成为均匀的水泥砂浆后，再加入粗骨料搅拌成均匀的混凝土。这种方法比一次投料法搅拌的混凝土强度可提高 15％；如果混凝土强度相同，可节约水泥约 15％～20％。 2）水泥裹砂法　又称 SEC 法，是先加一定量的水，将砂表面含水量调节到某一规定数值后，将粗骨料加入与湿砂拌匀，然后将水泥全部投入，使水泥在粗细骨料表面形成一层低水灰比的水泥浆，最后将剩余的水加入搅拌。此法比一次投料法强度可提高约 20％～30％，而且混凝土不容易产生离析现象，泌水少，工作性好

质量通病现象	原 因 分 析	防 治 措 施
混凝土内成层存在水平或垂直的松散混凝土	（1）施工缝或后浇缝带，未经接缝处理，将表面水泥浆膜和松动石子清除掉，或未将软弱混凝土层及杂物清除，并充分湿润，就继续浇筑混凝土 （2）大体积混凝土分层浇筑，在施工间歇时，施工缝处掉入锯屑、泥土、木块、砖块等杂物，未认真检查清理或未清除干净就浇混凝土，使施工缝处成层夹有杂物 （3）混凝土浇筑高度过大，未设串筒、溜槽下料，造成底层混凝土离析 （4）底层交接处未灌接缝砂浆层，接缝处混凝土未很好振捣密实；或浇混凝土接缝时，留槎或接槎时振捣不足 （5）柱头浇筑混凝土时，当间歇时间很长，常掉进杂物，未认真处理就浇筑上层柱，常造成施工缝处形成夹层	（1）认真按施工验收规范要求处理施工缝及后浇缝表面；接缝处的锯屑、木块、泥土、砖块等杂物必须彻底清除干净，并将接缝表面洗净 （2）混凝土浇筑高度大于 2m 时，应设串筒或溜槽下料 （3）在施工缝或后浇缝处继续浇筑混凝土时，应注意以下几点： 1）浇筑柱、梁、楼板、墙、基础等，应连接进行，如если间歇时间超过规定，则按施工缝处理，应在混凝土抗压强度不低于 1.2MPa 时，才允许继续浇筑 2）大体积混凝土浇筑，如接缝时间超过规定的时间，可采取对混凝土进行二次振捣，以提高接缝的强度和密实度。方法是对先浇筑的混凝土终凝前后（4～6h）再振捣一次，然后再浇筑上一层混凝土 3）在已硬化的混凝土表面上，继续浇筑混凝土前，应清除水泥薄膜和松动石子以及软弱混凝土层，并加以充分湿润和冲洗干净，且不得积水 4）接缝处浇筑混凝土前应铺一层水泥浆或浇 5～10cm 厚与混凝土内成分相同的水泥浆，或 10～15cm 厚减半石子混凝土，以利良好接合，并加强接缝处混凝土振捣使之密实 5）在模板上沿施工缝位置通条开口，以便于清理杂物和冲洗。全部清理干净后，再将通条开口封板，并抹水泥浆或减石子混凝土砂浆，再浇筑混凝土 （4）承受动力作用的设备基础，施工缝要进行下列处理： 1）标高不同的两个水平施工缝，其高低结合处理应留成台阶形，台阶的高宽比不得大于 1.0 2）垂直施工缝处应加插钢筋，其直径为 12～16mm，长度为 500～600mm，间距为 500mm，在台阶式施工缝的垂直面也应补插钢筋 3）施工缝的混凝土表面应凿毛，在继续浇筑混凝土前，应用水冲洗干净，湿润后在表面上抹 10～15mm 厚与混凝土内成分相同的一层水泥砂浆

质量通病现象	原 因 分 析	防 治 措 施
采用振捣器振实混凝土时，振捣延续时间过短	振捣器振捣延续时间过短，混凝土不容易振捣密实，混凝土内部气泡未全部排除，存有空隙，使结构混凝土强度与耐久性下降，但是振捣延续时间也不宜过长，过长会使混凝土产生离析、泌水泛浆，让混凝土的均匀性遭到破坏	混凝土浇筑应分层振捣，分层厚度应不超过振动棒长度的 1.25 倍，通常为 300～500mm。当水平结构的混凝土浇筑厚度超过 500mm 时，可按照 1∶6～1∶10 坡度分层浇筑，并且上层混凝土应超前覆盖下层混凝土 500mm 以上。在振捣上一层混凝土时，振动棒应插入下一层混凝土内 500mm 左右，以消除两层之间的接缝。振动棒插点布置要均匀排列，常规采用"行列式"或"交错式"的移动，移动位置的距离为振动棒作用半径 R 的 1.5 倍，振动棒工作半径为 300～400mm。振动棒应垂直混凝土表面插入（垂直振捣）或与混凝土表面呈 40°～45°角度斜入（斜向振捣），应该做到"快插慢拔"。快插是为了避免作业混凝土产生分层、离析现象；慢拔是为使混凝土及时填满振动棒抽出时留下的空洞。振动棒在每一插点的振捣时间为 20～30s；用高频振捣器时，最短不应当小于 10s，以混凝土表面呈水平并出现水泥浆及不再出现气泡、不再显著沉落为度
混凝土施工缝留在结构受力较大的部位	由于施工计划不周全，工序安排不合理，混凝土运输、浇筑和间歇时间过长，施工中特殊情况停歇等原因，造成混凝土施工缝留置不当，施工缝留在结构受力较大的部位，如楼梯中段、主梁楼板部位等，严重地影响了结构质量	施工缝的留置应该在混凝土浇筑前确定，并按照施工段作好施工准备。施工缝宜留置在结构受剪力较小并且便于施工的部位，按规范规定施工缝留置部位如下： （1）柱：宜留置在基础的顶面、梁或者吊车梁牛腿的下面、吊车梁的上面、无梁楼板柱帽的下面

质量通病现象	原 因 分 析	防 治 措 施
混凝土施工缝留在结构受力较大的部位	由于施工计划不周全，工序安排不合理，混凝土运输、浇筑和间歇时间过长，施工中特殊情况停歇等原因，造成混凝土施工缝留置不当，施工缝留在结构受力较大的部位，如楼梯中段、主梁楼板部位等，严重地影响了结构质量	（2）梁板、肋形楼板：与板连成整体的大截面梁，留在板底面以下20～30mm处，当板下有梁托时，应该留在梁托下部；单向板可以留在平行于板的短边的任何位置（但为方便施工缝的处理，一般留在跨中1/3跨度范围内） 有主次梁的肋形楼板，宜顺着次梁方向浇筑，施工缝应该留置在次梁跨度中间1/3范围内并且无负弯矩钢筋与之相交的部位 （3）墙：宜留置在门洞。过梁跨中1/3范围内，也可以留在纵横墙的交接处 （4）楼梯：应该留设在楼梯段跨中1/3跨度范围内无负弯矩钢筋的部位 （5）双向受力楼板、大体积混凝土结构。拱、穹拱、薄壳、蓄水池、斗仓、多层刚架以及其他复杂结构的工程，施工缝的位置应按照设计要求留置。下列情况可作参考： 1）斗仓施工缝可留在漏斗的根部及上部，或者漏斗斜板上漏斗立壁交接处 2）地坑及水池施工缝，可留置在坑壁上，并应距坑（池）底板混凝土上面300～500mm的范围内

质量通病现象	原 因 分 析	防 治 措 施
混凝土后浇带设置在受力较大和易变形的部位	由于受到较大应力和变形的作用，容易把后浇带的接缝拉裂，如有防水要求时，则会导致渗漏	后浇带是为了在现浇钢筋混凝土结构施工过程中，克服因为温度、收缩而可能产生有害裂缝而设置的临时施工缝，其位置按照设计要求确定，通常应在受力和变形较小且容易于施工处理的部位 后浇带的设置距离，应该考虑在有效降低温差和收缩应力的条件下，通过计算确定。在正常的施工条件下，有关规范对此的规定是，如混凝土置于室内或土中，则为 30m；例如在露天，则为 20m。后浇带的宽度应考虑施工简便，防止应力集中，通常宽度为 700～1000mm。后浇带构造可做成平直缝、企口缝和台阶缝等，如图 4-1 所示。有防水要求时，宜在接缝界面中间设置遇水膨胀止水条或者再加外贴式止水带。结构主筋不宜在缝中断开，如必须断开，那么主筋搭接长度应大于 45 倍主筋直径，并应按照设计要求加设附加钢筋
大体积混凝土施工时，不处理表面浮浆及泌水	大流动性混凝土在浇筑、振捣过程中，表面将有浮浆和泌水，若不做处理，混凝土表面浮浆导致混凝土表面强度降低，混凝土表面形成收缩裂缝	大体积混凝土在浇筑和振捣过程中，上涌的泌水和浮浆应排除，以避免影响混凝土的表面强度，常用泌水和浮浆处理方法如下： (1) 施工混凝土垫层时，事先将混凝土垫层做出横向 20mm 的坡度，并在两侧基础模板留出排水孔，如图 4-2（a）示意；或留集水坑，如图 4-2（b）所示。大流动性混凝土在浇筑、振捣过程中，上涌的泌水和浮浆顺混凝土坡面下流到坑底，大部分泌水顺垫层坡度流向两侧模板底部预留孔排出坑外，或流向集水坑用泥浆泵抽走。少量来不及排除的泌水随着混凝土浇筑向前推进被赶至基坑顶端，由顶端模板下部的预留孔排出坑外。与此同时当大坡面的坡脚接近顶端模板时，改变混凝土浇筑方向，即从顶端往回浇筑，与原斜坡相交成一个集水坑，另外有意识地加强两侧模板处的混凝土浇筑强度，这样集水坑逐步在中间缩小成水潭，利用泥浆泵立即排除（图 4-2c） (2) 混凝土浇捣后，表面做好"三压三平"。首先按面标高用铁锹拍板压平，长刮尺刮平，其次初凝前用铁滚筒碾压数遍滚平，最后用木蟹打磨压实，用闭合收水裂缝，经过 12～14h 后，覆盖塑料薄膜和草包两层并且充分洒水润湿养护

质量通病现象	原 因 分 析	防 治 措 施
混凝土内部主筋、副筋或箍筋局部裸露在结构构件表面	（1）浇筑混凝土时，钢筋保护层垫块位移，或垫块太少或漏放，致使钢筋紧贴模板外露 （2）结构构件截面小，钢筋过密，石子卡在钢筋上，使水泥砂浆不能充满钢筋周围，造成露筋 （3）混凝土配合比不当，产生离析，靠模板部位缺浆或模板漏浆 （4）混凝土保护层太小或保护层处混凝土漏振或振捣不实；或振捣棒撞击钢筋或踩踏钢筋，使钢筋位移，造成露筋 （5）木模板未浇水湿润，吸水粘结或脱模过早，拆模时缺棱、掉角，导致露筋	浇灌混凝土，应保证钢筋位置和保护层厚度正确，并加强检查；钢筋密集时，应选用适当粒径的石子，保证混凝土配合比准确和良好的和易性；浇筑高度超过2m，应用串筒或溜槽下料，以防止离析；模板应充分湿润并认真堵好缝隙，混凝土振捣严禁撞击钢筋，在钢筋密集处，可采用刀片或振捣棒振捣；操作时，避免踩踏钢筋，如有踩弯或脱扣等及时调直修正；保护层混凝土要振捣密实；正确掌握脱模时间，防止过早拆模，碰坏棱角。表面露筋：刷洗净后，在表面抹1：2或1：2.5水泥砂浆，将充满露筋部位抹平；露筋较深：凿去薄弱混凝土和突出颗粒，洗刷干净后，用比原来高一级的细石混凝土填塞压实
泵送混凝土供应不连续，不能保证连续工作	连续泵送过程中，输送管内的混凝土拌合物处于运动状态，混凝土能保持均匀性，混凝土中各种成分呈均匀分布状态。泵送中断时，输送管内混凝土拌合物处于静止状态，由于混凝土中各种成分比重不同，静止时间长了就可能按比重大小分层和泌水，产生离析。当再次继续泵送时，管上部的泌水就先被压走，剩下的粗骨料就易造成输送管堵塞，同时混凝土出现施工缝	供应泵送混凝土时应注意以下几点： （1）根据施工进度需要，编制泵送混凝土供应计划 （2）在施工过程中，加强联络和调度，保证连续均匀地供给混凝土。混凝土搅拌运输车的数量应根据使用混凝土泵的输出量决定 （3）在混凝土泵送过程中，有计划中断时，应在预先确定的中断浇筑部位，停止泵送；且中断时间不宜超过1h。同时还应采取以下措施： 1）混凝土泵车卸料清洗后重新泵送；或利用臂架将混凝土泵入料斗，进行慢速歇循环泵送；有配管输送混凝土时，可进行慢速间歇泵送 2）固定式混凝土泵，可利用混凝土搅拌运输车内的料，进行慢速间歇泵送；或利用料斗内的料，进行间歇反泵和正泵 3）慢速间歇泵送时，应每隔4～5min进行四个行程的正、反泵

质量通病现象	原 因 分 析	防 治 措 施
大体积混凝土施工时，未根据实际施工条件选择浇筑方式	容易造成混凝土浇筑沿上升高度不均匀，浇筑高差过大，或分层层次不清，振捣不密实或漏振，影响混凝土的整体性；同时，局部混凝土散热面小，水化热过大积聚，增大了温度应力而导致混凝土开裂	大体积混凝土浇筑方式，应按照设计要求的整体性、结构的形式及大小，配筋的疏密，混凝土的供应以及利于混凝土散热等具体情况，可选用以下三种方式： （1）全面分层法　在整个浇筑体上将混凝土分层循环连续浇筑，各层之间的搭接须在混凝土初凝前浇捣完毕，直至浇筑结束为止。适用于结构的平面尺寸不很大的工程。浇捣作业可从短边开始，沿长边推进。例如，作业面较大时也可分为两段同时作业，从中间向两端或从两端向中央推进，见图 4-3（a） （2）分段分层方法　适用于板式结构大体积混凝土浇筑，其厚度不宜过大，但是面积或长度属于较大的混凝土结构。混凝土的浇筑从底层开始，进行到一定距离后再回来浇筑第二层，分别向前浇筑以上各分层。各分层浇筑工序须在上、下层混凝土初凝前完成，见图 4-3（b） （3）斜面分层法　适用于结构的长度超过厚度三倍的情况。振捣作业应该从浇筑层的下端开始，逐层上移，以保证混凝土的浇筑质量，见图 4-3（c） 分层厚度决定于振捣器的振动棒长度和振动力的大小，也要考虑混凝土作业量大小和可能浇筑的工程量多少，通常为 200～300mm

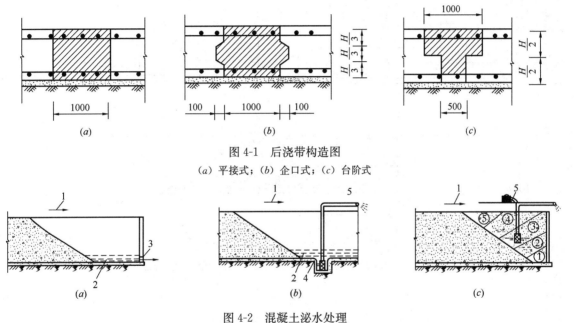

图 4-1　后浇带构造图

(a) 平接式；(b) 企口式；(c) 台阶式

图 4-2　混凝土泌水处理

(a) 模板留孔排除泌水；(b) 设集水坑用泵排除泌水；(c) 用软轴水泵排除泌水

1—浇筑方向；2—泌水；3—模板留孔；4—集水坑；5—软轴水泵

①、②、③、④、⑤—浇筑次序

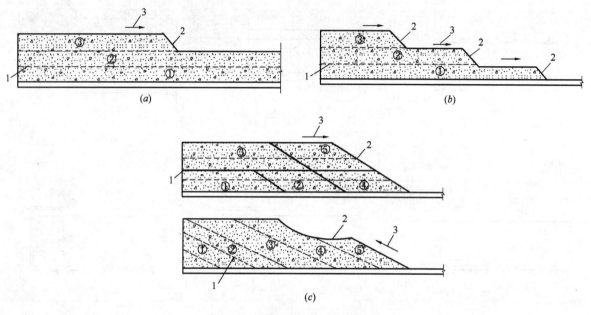

图 4-3　大体积混凝土底板浇筑方式

(a) 全面分层；(b) 分段分层；(c) 斜面分层

1—分层线；2—新浇灌的混凝土；3—浇筑方向

①、②、③、④、⑤—浇筑次序

4.2 混凝土工程质量标准及验收方法

4.2.1 一般规定

（1）混凝土强度应按现行国家标准《混凝土强度检验评定标准》(GB/T 50107—2010) 的规定分批检验评定。划入同一检验批的混凝土，其施工持续时间不宜超过 3 个月。

检验评定混凝土强度时，应采用 28d 或设计规定龄期的标准养护试件。

试件成型方法及标准养护条件应符合现行国家标准《普通混凝土力学性能试验方法标准》(GB/T 50081—2002) 的规定。采用蒸汽养护的构件，其试件应先随构件同条件养护，然后再置入标准养护条件下继续养护至 28d 或设计规定龄期。

（2）当采用非标准尺寸试件时，应将其抗压强度乘以尺寸折算系数，折算成边长为 150mm 的标准尺寸试件抗压强度。尺寸折算系数应按现行国家标准《混凝土强度检验评定标准》(GB/T 50107—2010) 采用。

（3）当混凝土试件强度评定不合格时，可采用非破损或局部破损的检测方法，并按国家现行有关标准的规定对结构构件中的混凝土强度进行推定，并应按《混凝土结构工程施工质量验收规范》(GB 50204—2015) 第 10.2.2 条的规定进行处理。

（4）混凝土有耐久性指标要求时，应按现行行业标准《混凝土耐久性检验评定标准》(JGJ/T 193—2009) 的规定检验评定。

（5）大批量、连续生产的同一配合比混凝土，混凝土生产单位应提供基本性能试验报告。

（6）预拌混凝土的原材料质量、制备等应符合现行国家标准《预拌混凝土》(GB/T 14902—2012) 的规定。

4.2.2 原材料

混凝土工程原材料的质量标准及验收方法应符合表 4-10 的规定。

混凝土工程原材料的质量标准及验收方法

表 4-10

项目	合格质量标准	检查数量	检验方法
主控项目	水泥进场时，应对其品种、代号、强度等级、包装或散装仓号、出厂日期等进行检查，并应对水泥的强度、安定性和凝结时间进行检验，检验结果应符合现行国家标准《通用硅酸盐水泥》(GB 175—2007) 的相关规定	按同一厂家、同一品种、同一代号、同一强度等级、同一批号且连续进场的水泥，袋装不超过 200t 为一批，散装不超过 500t 为一批，每批抽样数量不应少于一次	检查质量证明文件和抽样检验报告
	混凝土外加剂进场时，应对其品种、性能、出厂日期等进行检查，并应对外加剂的相关性能指标进行检验，检验结果应符合现行国家标准《混凝土外加剂》(GB 8076—2008) 和《混凝土外加剂应用技术规范》(GB 50119—2013) 的规定	按同一厂家、同一品种、同一性能、同一批号且连续进场的混凝土外加剂，不超过 50t 为一批，每批抽样数量不应少于一次	检查质量证明文件和抽样检验报告
	水泥、外加剂进场检验，当满足下列条件之一时，其检验批容量可扩大一倍： (1) 获得认证的产品 (2) 同一厂家、同一品种、同一规格的产品，连续三次进场检验均一次检验合格	—	—

项目	合格质量标准	检查数量	检验方法
	混凝土用矿物掺合料进场时，应对其品种、性能、出厂日期等进行检查，并应对矿物掺合料的相关性能指标进行检验，检验结果应符合国家现行有关标准的规定	按同一厂家、同一品种、同一批号且连续进场的矿物掺合料、粉煤灰、矿渣粉、磷渣粉、钢铁渣粉和复合矿物掺合料不超过200t为一批，沸石粉不超过120t为一批，硅灰不超过30t为一批，每批抽样数量不应少于一次	检查质量证明文件和抽样检验报告
一般项目	混凝土原材料中的粗骨料、细骨料质量应符合现行行业标准《普通混凝土用砂、石质量及检验方法标准》（JGJ 52—2006）的规定，使用经过净化处理的海砂应符合现行行业标准《海砂混凝土应用技术规范》（JGJ 206—2010）的规定，再生混凝土骨料应符合现行国家标准《混凝土用再生粗骨料》（GB/T 25177—2010）和《混凝土和砂浆用再生细骨料》（GB/T 25176—2010）的规定	按现行行业标准《普通混凝土用砂、石质量及检验方法标准》（JGJ 52—2006）的规定确定	检查抽样检验报告
	混凝土拌制及养护用水应符合现行行业标准《混凝土用水标准》（JGJ 63—2006）的规定。采用饮用水作为混凝土用水时，可不检验；采用中水、搅拌站清水、施工现场循环水等其他水源时，应对其成分进行检验	同一水源检查不应少于一次	检查水质检验报告

4.2.3 混凝土拌合物

混凝土拌合物的质量标准及验收方法应符合表 4-11 的规定。

混凝土拌合物的质量标准及验收方法 表 4-11

项目	合格质量标准	检查数量	检验方法
主控项目	预制混凝土进场时，其质量应符合现行国家标准《预拌混凝土》(GB/T 14902—2012)的规定	全数检查	检查质量证明文件
	混凝土拌合物不应离析	全数检查	观察
	混凝土中氯离子含量和碱总含量应符合现行国家标准《混凝土结构设计规范》(GB 50010—2010)的规定和设计要求	同一配合比的混凝土检查不应少于一次	检查原材料试验报告和氯离子、碱的总含量计算书
	首次使用的混凝土配合比应进行开盘鉴定，其原材料、强度、凝结时间、稠度等应满足设计配合比的要求	同一配合比的混凝土检查不应少于一次	检查开盘鉴定资料和强度试验报告
一般项目	混凝土拌合物稠度应满足施工方案的要求	对同一配合比混凝土，取样应符合下列规定： (1) 每拌制 100 盘且不超过 100m³ 时，取样不得少于一次 (2) 每工作班拌制不足 100 盘时，取样不得少于一次 (3) 每次连续浇筑超过 1000m³ 时，每 200m³ 取样不得少于一次 (4) 每一楼层取样不得少于一次	检查稠度抽样检验记录

项目	合格质量标准	检查数量	检验方法
一般项目	混凝土有耐久性指标要求时，应在施工现场随机抽取试件进行耐久性检验，其检验结果应符合国家现行有关标准的规定和设计要求	同一配合比的混凝土，取样不应少于一次，留置试件数量应符合国家现行标准《普通混凝土长期性能和耐久性能试验方法标准》（GB/T 50082—2009）和《混凝土耐久性检验评定标准》（JGJ/T 193—2009）的规定	检查试件耐久性试验报告
	混凝土有抗冻要求时，应在施工现场进行混凝土含气量检验，其检验结果应符合国家现行有关标准的规定和设计要求	同一配合比的混凝土，取样不应少于一次，取样数量应符合现行国家标准《普通混凝土拌合物性能试验方法标准》（GB/T 50080—2002）的规定	检查混凝土含气量检验报告

4.2.4 混凝土施工

混凝土施工的质量标准及验收方法应符合表 4-12 的规定。

混凝土施工的质量标准及验收方法　　　　　表 4-12

项目	合格质量标准	检查数量	检验方法
主控项目	混凝土的强度等级必须符合设计要求。用于检验混凝土强度的试件应在浇筑地点随机抽取	对同一配合比混凝土，取样与试件留置应符合下列规定： （1）每拌制 100 盘且不超过 100m³ 时，取样不得少于一次 （2）每工作班拌制不足 100 盘时，取样不得少于一次 （3）连续浇筑超过 1000m³ 时，每 200m³ 取样不得少于一次 （4）每一楼层取样不得少于一次 （5）每次取样应至少留置一组试件	检查施工记录及混凝土强度试验报告

项目	合格质量标准	检查数量	检验方法
一般项目	后浇带的留设位置应符合设计要求，后浇带和施工缝的留设及处理方法应符合施工方案要求	全数检查	观察
	混凝土浇筑完毕后应及时进行养护，养护时间以及养护方法应符合施工方案要求	全数检查	观察，检查混凝土养护记录

5 现浇结构工程

5.1 质量通病原因分析及防治措施

5.1.1 混凝土浇筑与振捣

为了保证混凝土浇筑与振捣的质量，要求相关工作人员必须熟悉质量问题的现象和防治方法。常见的混凝土浇筑与振捣的质量问题列于表 5-1 中。

混凝土浇筑与振捣质量通病分析及防治措施　　　　　　表 5-1

质量通病现象	原 因 分 析	防 治 措 施
混凝土结构内部主筋、附近或箍筋局部裸露在表面	（1）浇筑混凝土时，钢筋保护层垫块位移，或者垫块太少或脱落、漏放，导致钢筋紧贴模板外露 （2）结构构件截面小，钢筋过密，石子卡在钢筋上，使水泥砂浆不能充满钢筋周围，导致露筋 （3）混凝土配合比不当，产生离析，靠模板部位缺浆或模板严重漏浆；混凝土保护层太小或者保护层处混凝土漏振或振捣不实；或振动棒撞击钢筋或踩踏钢筋，使钢筋位移，导致露筋 （4）木模板未浇水湿润或没有涂刷脱模剂，吸水粘结或拆模过早，拆模时缺棱掉角，导致露筋	（1）浇筑混凝土，应确保钢筋位置正确和保护层厚度正确，并加强检查，发现偏差，立即纠正。受力钢筋的保护层厚度如设计图中未注明时，可参照表 2-15 的要求执行 （2）钢筋密集时，应该选用适当粒径的石子，保证混凝土配合比正确和良好的和易性 （3）浇筑高度超过 2m，应当用串桶、溜槽下料，以防离析 （4）模板应充分湿润并且认真堵好缝隙 （5）混凝土振捣不得撞击钢筋，在钢筋密集处，可采用刀片式振动棒进行振捣；操作时要架设马凳，防止踩踏钢筋 （6）正确掌握脱模时间，避免过早脱模破坏棱角 （7）如果表面出现露筋，刷洗干净后，在表面抹 1∶2 或 1∶2.5 水泥砂浆，将露筋部位抹平；对较深露筋，凿去薄弱混凝土和突出颗粒，刷洗干净后，支模并用高一级的细石混凝土填塞压实，仔细养护

质量通病现象	原 因 分 析	防 治 措 施
混凝土浇筑完毕后未能及时覆盖浇水养护	若混凝土浇筑完毕未能及时覆盖浇水养护，混凝土因失水收缩而引起拉应力，将导致混凝土早期干裂，降低混凝土强度，破坏混凝土结构性能，甚至酿成质量事故	为确保已浇筑好的混凝土在规定期龄内达到设计要求的强度，并防止产生收缩裂缝，须认真做好养护工作。混凝土养护方法一般分自然养护和加热养护两类。自然养护适用于当地当时气温在＋5℃以上的现场浇筑整体式结构工程，分有覆盖浇水养护、薄膜布养护、养护剂养护和蓄水养护等具体方法 （1）覆盖浇水养护：对于普通塑性混凝土，应该在浇筑完毕后 6～12h 内（夏季可缩短至 2～3h）；对于干硬性混凝土应在浇筑后 1～2h 内。利用麻袋、草垫、苇席、锯末或砂进行覆盖，并且及时洒水保持湿润养护。混凝土湿养护对混凝土强度的影响如图 5-1 所示 3d、7d、14d、28d 为分别经过 3d、7d、14d、28d 湿养护后在空气中养护强度的发展曲线 浇水养护时间以达到标准条件下养护 28d 强度的 60% 左右为度，通常不少于 7d。用火山灰质水泥、粉煤灰水泥、掺用缓凝型外加剂或有抗渗要求的混凝土不应少于 14d。浇水次数应能保持混凝土处于润湿状态，通常当气温 15℃左右，每天浇水 2～4 次，炎热及气候干燥时适当增加 对于竖向构件如墙、柱等，宜用麻袋、草帘等做成帘式覆盖物，贴挂在墙、柱上并浇水保证湿润 （2）薄膜布养护：在柱、墙等独立的竖向构件，等待混凝土模板拆除后，立即用不透水、气的薄膜布（如塑料薄膜）全部严密地覆盖起来，确保混凝土在不失水的情况下得到充分的养护。其优点是不必浇水，操作方便，能反复使用，能提高混凝土早期强度，但应确保薄膜有凝结水

质量通病现象	原　因　分　析	防　治　措　施
混凝土浇筑完毕后未能及时覆盖浇水养护	若混凝土浇筑完毕未能及时覆盖浇水养护，混凝土因失水收缩而引起拉应力，将导致混凝土早期干裂，降低混凝土强度，破坏混凝土结构性能，甚至酿成质量事故	（3）养护剂养护：是在结构构件表面喷涂或刷涂过氯乙烯、氯乙烯-偏氯乙烯醇酸树脂等养护剂，当溶液中水分挥发后，在混凝土表面结成一层塑料薄膜，使混凝土表面与空气隔绝，阻止内部水分蒸发，而使水泥水灰完成。喷涂时应掌握合适时间，过早会影响薄膜与混凝土表面的结合，过晚则会混凝土水分蒸发过多，影响水化作用。喷涂后应加强保护，避免硬物在表面拖损碰坏或在其上过运输车辆，发现破裂损坏，应该及时补喷，适用于表面积大、不便于浇水养护的结构、地面、路面等，但是28d龄期强度要偏低8%左右 （4）蓄水养护：对于大面积的混凝土，例如地坪、楼面、平屋面等，可在混凝土有一定强度后（一般经24h后），遇水不再脱皮离析时，在四周筑起临时小堤，灌水养护。蓄水深度维持在40～60mm，蒸发后应及时补充；对池、坑结构，可等待内模拆除后灌水养护
混凝土结构表面出现孔洞	（1）在钢筋较密的部位或预留孔洞和预埋件处，混凝土下料被搁住，未振捣就继续浇筑上层混凝土 （2）混凝土离析，砂浆分离，石子成堆，严重跑浆，又未进行振捣 （3）混凝土一次下料过多、过厚、过高，振捣器振动不到，形成松散孔洞 （4）混凝土内掉入工具、木块、泥块等杂物，混凝土被卡住	（1）在钢筋密集处及复杂部位，可以采用细石混凝土浇筑，并用刀片式振捣器或辅以人工振捣密实 （2）预留孔洞处应在两侧同时下料，预留孔较大时下部中间往往浇筑不满，振捣不实，应该采取在侧面加开浇灌口的措施，振捣密实后再封好模板，然后往上浇筑，避免出现孔洞 （3）控制好下料，确保混凝土浇筑时不产生离析，混凝土自由倾落高度应不超过2m，大于2m时要设串桶或溜槽等下料

质量通病现象	原 因 分 析	防 治 措 施
混凝土结构表面出现孔洞	（1）在钢筋较密的部位或预留孔洞和预埋件处，混凝土下料被搁住，未振捣就继续浇筑上层混凝土 （2）混凝土离析，砂浆分离，石子成堆，严重跑浆，又未进行振捣 （3）混凝土一次下料过多、过厚、过高，振捣器振动不到，形成松散孔洞 （4）混凝土内掉入工具、木块、泥块等杂物，混凝土被卡住	（4）采取正确振捣方法，防止漏振。插入式振捣器应采用垂直振捣的方法，即振捣器与混凝土表面垂直或成 40°～45°角斜向振捣。插点应均匀排列，可以采用行列式或交错式（图 5-2）顺序移动，不应该混用，以免漏振，每次移动距离不应大于振动棒作用半径的 1.5 倍（一般振动棒作用半径为 300～400mm）。振捣器操作时应快插慢拔 （5）砂、石内混有泥块、模板内的木块、工具等杂物，应清除干净 （6）通常孔洞的处理是将孔洞周围的松散混凝土和软弱浆膜凿除，用压力水冲洗，支设带托盒的模板，洒水充分湿润后用比原混凝土强度高一级的细石混凝土仔细浇筑捣实，有条件时混凝土宜掺入微膨胀剂；对于面积大而深的孔洞，应该在处理干净后，在内部埋入注浆管、排气管，填清洁碎石（粒径 10～20mm），表面抹水泥砂浆或者浇筑薄层混凝土，达到强度后用水泥压力注浆方法补强
混凝土内成层存在松散混凝土或夹杂物	因为施工缝或后浇带未经接缝处理，将表面水泥浆膜和松动石子清除掉，或者未将软弱混凝土层及杂物清除，并且充分浇水湿润，就继续浇筑混凝土，这样会导致混凝土内（或施工缝）成层存在水平或垂直的松散混凝土或夹杂物，深度超过保护层厚度，使结构的整体性受到破坏	施工时应做到以下几点： （1）接缝处的泥土、木屑、砖块等杂物应清除干净，表面水泥浆膜与松动石子应该凿除并凿毛，充分浇水湿润 （2）接缝浇筑前，应先浇 50～100mm 厚原配合比无石子砂浆，以利于结合，并加强接缝处混凝土振捣密实 （3）混凝土下料高度超过 2m 时，应设置串桶、溜槽，避免混凝土离析 （4）缝隙夹渣不深时，可以将松散混凝土凿去，洗刷干净后，用 1:2 或 1:2.5 水泥砂浆强力嵌填密实，并保湿养护；当缝隙夹渣较深时，应该凿除松散部分和内部杂物，用压力水冲洗干净后支模，强力灌筑细石混凝土或者将表面封闭后进行压力注浆处理。对梁、柱等严重缝隙夹渣在处理前，应先搭设临时支撑加固安全措施后才可剔凿

质量通病现象	原 因 分 析	防 治 措 施
大体积混凝土浇筑时，混凝土体产生裂缝	大体积混凝土浇筑时，因为混凝土凝结过程中水泥的水化反应会散发出大量的水化热，形成混凝土内外温差较大，极容易使混凝土体产生裂缝。水化热是水泥遇水产生的特有的化学反应，它让混凝土在硬化过程中升温而影响混凝土的各项技术性能	为了减少大体积混凝土裂缝的发生，应该从原材料、设计和施工等方面采取措施 （1）原材料和配合比 1）控制水泥品种及技术性能，配制混凝土应选用水化热较低的水泥，例如矿渣水泥、火山灰质或粉煤灰水泥等，并且掺入缓凝剂或缓凝型减水剂 2）砂石级配要合理，尽可能减少水泥用量，使混凝土中的水化热相应降低 3）科学地调整好水灰比，尽可能降低单位体积混凝土拌合物的用水量 4）应控制粗细骨料含泥量，粗骨料≤1％，细骨料≤3％ （2）设计控制措施 1）增设滑动层。为了减小温度应力，防止裂缝，宜在大体积混凝土结构的底面设置滑动层。特别是当结构在坚实的基岩或老混凝土基层上时，外约束力很大，例如在基础底部全部或大部分设置滑动层时，将使温度应力大为减小 隔离层可以采用毡砂层、塑料布、纤维布加滑石粉或细砂等材料 2）合理分块分缝。合理分块分缝，既可减小温度应力，又可以增加散热面，降低混凝土内部温度。分块分缝可按照不同情况采用伸缩缝、施工缝或者后浇带

质量通病现象	原 因 分 析	防 治 措 施
大体积混凝土浇筑时，混凝土体产生裂缝	大体积混凝土浇筑时，因为混凝土凝结过程中水泥的水化反应会散发出大量的水化热，形成混凝土内外温差较大，极容易使混凝土体产生裂缝。水化热是水泥遇水产生的特有的化学反应，它让混凝土在硬化过程中升温而影响混凝土的各项技术性能	3）控制混凝土强度等级。大体积混凝土的强度等级一般采用C20，并以不超过 C30 为宜 在大体积混凝土结构中，承载力安全贮备通常都很高。过于高的安全贮备，将使水泥用量增多，致使施工时混凝土内部温度过高，内外温差过大，引起开裂 4）构造钢筋适当。钢筋对混凝土抗裂影响不大，但是可起到减少混凝土收缩，限制裂缝扩延作用。对大体积混凝土结构，应该适当配置抗拉的温度构造钢筋 （3）施工控制措施 1）按照气候条件严格控制混凝土的入模温度，夏季应该采用低温水拌合混凝土，混凝土拌合物的浇筑温度不宜超过 28℃。混凝土浇筑温度系指混凝土振捣后，在混凝土 50～100mm 深处的温度 2）有特殊要求的大体积混凝土结构工程，需要时采用人工导热法，在混凝土体内设置冷却水管，利用循环水来降低混凝土温度，以避免混凝土体内温度上升，形成内外温差较大，致使混凝土产生裂缝 3）避免拌合物出现泌水现象，在混凝土浇筑完毕后，存在的泌水应立即排除并二次振捣

质量通病现象	原 因 分 析	防 治 措 施
混凝土结构局部出现蜂窝	(1) 混凝土配合比不当或砂、石子、水泥材料加水量计量不准，造成砂浆少、石子多 (2) 混凝土搅拌时间不够，未拌合均匀，和易性差，振捣不密实 (3) 下料不当或下料过高，未设串筒使石子集中，造成石子砂浆离析 (4) 混凝土未分层下料，振捣不实，或漏振，或振捣时间不够 (5) 模板缝隙未堵严，水泥浆流失 (6) 钢筋较密，使用的石子粒径过大或坍落度过小 (7) 基础、柱、墙根部未稍加间歇就继续浇灌上层混凝土	(1) 严格控制混凝土配合比，常常检查，作到计量准确；混凝土拌合均匀，颜色一样，坍落度适宜 (2) 混凝土下料高度超过 2m，应该设串桶或溜槽；浇筑应分层下料，分层捣固，防止漏振 (3) 模板缝隙应堵塞严密，浇灌中应派专人检查模板支撑情况，避免漏浆 (4) 通常小蜂窝，洗刷干净后，用 1∶2 或 1∶2.5 水泥砂浆抹平压实；较大、较深的蜂窝，凿去蜂窝处薄弱松动颗粒，刷洗干净后，支模浇筑高一级的细石混凝土并捣实。例如，蜂窝较深、清除困难时，可埋设注浆管，表面抹水泥砂浆封闭后，压注水泥浆补强

质量通病现象	原 因 分 析	防 治 措 施
混凝土结构构件浇筑脱模后，表面出现酥松、脱落	由于木板未浇水湿透或湿润不够、炎热刮风天浇筑混凝土脱模后未适当护盖浇水养护、冬期低温浇筑混凝土未采取保温措施等原因，混凝土结构构件浇筑脱模后，表面会出现酥松、脱落等现象，表面强度比内部低很多，当构件主要受力部位有酥松现象时会严重影响结构性能	（1）木模板在浇筑混凝土前应该充分浇水湿润，混凝土浇筑后应认真护盖浇水养护 （2）炎热刮风天气混凝土构件脱模后，仍然应进行护盖浇水养护，防止混凝土表层水分散发过快；冬期浇筑混凝土，要按照冬期混凝土施工要求，采取原材料加热、覆盖保温或人工加热等措施，其覆盖保温层厚度或加热温度时间均应经过设计计算，以保证混凝土在养护期间强度的正常发展，并不受冻 （3）表面较浅的酥松脱落，可将酥松部分凿去，洗刷干净充分湿润后，用1:2或1:2.5水泥砂浆抹平压实；较深的酥松脱落，可以将酥松和突出颗粒凿去，刷洗干净充分湿润后支模，用比原混凝土强度高一级的细石混凝土浇筑，强力捣实，并加强养护
混凝土柱、墙、基础浇筑后，顶面出现松顶	由于混凝土配合比不当、砂率不合适、水灰比过大、振捣时间过长等原因，混凝土柱、墙、基础浇筑后，在距顶面50～100mm高度内产生粗糙、松散，有明显的颜色变化，内部呈多孔性，基本上是砂浆，无粗骨料分布其中，强度较下部为低，影响结构的受力性能和耐久性、整体性，经不起外力冲击和磨损	（1）优化混凝土配合比，水灰比不可过大，以减少泌水性，与此同时应使混凝土拌合物有良好的保水性；混凝土中宜掺加减水剂，来提高混凝土和易性，减少用水量 （2）混凝土振捣时间不宜过长，应该控制在20s以内，不使产生离析。混凝土浇至顶层时应排除泌水，并且进行二次振捣和二次抹面。浇筑高度较大的混凝土结构时，随着浇筑高度上升，宜分层减水，以减少顶部泌水 （3）对疏松顶部分砂浆层凿去，洗刷干净充分湿润后，用高一强度等级的细石混凝土填筑密实并且认真养护

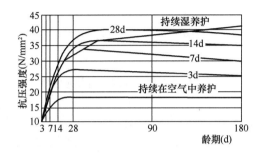

图 5-1 湿养护对混凝土强度的影响（水灰比为 0.50）

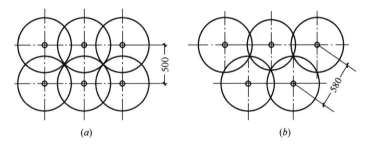

(a)　　　　　　　　　　　(b)

图 5-2 插点排列

(a) 行列式；(b) 交错式

5.1.2 混凝土裂缝控制

为了保证混凝土裂缝控制的质量，要求相关工作人员必须熟悉质量问题的现象和防治方法。常见的混凝土裂缝控制的质量问题列于表 5-2 中。

混凝土裂缝控制质量通病分析及防治措施

表 5-2

质量通病现象	原 因 分 析	防 治 措 施
结构混凝土表面出现张拉裂缝	（1）预应力板类构件板面裂缝，主要是预应力筋放张后，因为肋的刚度差，产生反拱受拉，加上板面与纵肋收缩不一致，而在板面产生横向裂缝 （2）板面四角斜裂缝是由于端横肋对纵肋压缩变形的牵制作用，让板面产生空间挠曲，在四角区出现对角拉应力而引起裂缝（图 5-3） （3）预应力大型屋面板端头裂缝是由于放张后，肋端头受到压缩变形，而且胎模阻止其变形（俗称卡模），导致板角受拉，横肋端部受剪，因而横肋与纵肋交接处拉裂。此外，在纵肋端头部位，预应力筋产生的剪应力和放松引起的拉应力均为最大，因而因主拉应力较大引起斜向裂缝（图 5-4） （4）预应力吊车梁、桁架、托架等端头锚固区，沿预应力方向的纵向水平或垂直裂缝（图 5-5、图 5-6），主要是构件端部节点尺寸不够以及未配置足够的横向钢筋网片或钢箍，当张拉时，因为垂直预应力筋方向的"劈裂拉应力"而引起裂缝出现。此外，混凝土振捣不密实，张拉时混凝土强度偏低，和张拉力超过规定等，均会出现这类裂缝 （5）拱形屋架上弦裂缝，主要是由于下弦预应力筋张拉应力过大，屋架向上拱起较多，让上弦受拉而在顶部产生裂缝	（1）严格控制混凝土配合比，加强混凝土振捣，确保混凝土密实性和强度 （2）预应力筋张拉和放松时，混凝土须达到规定的强度；操作时，控制应力应准确，并且应缓慢放松预应力钢筋 （3）模胎端部加弹性垫层（木或橡皮），或者减缓模胎端头角度，并选用有效隔离剂，以防或减少卡模现象 （4）板面适当施加预应力，让纵肋预应力钢筋引起的反拱减小，提高板面抗裂度 （5）在吊车梁、桁架、托架等构件的端部节点处，增配箍筋、螺旋筋或钢筋网片，并确保外围混凝土有足够的厚度；或减小张拉力或者增大梁端截面的宽度 （6）轻微的张拉裂缝，在结构受荷后会逐渐闭合，大体上不影响承载力，可不处理或采取涂刷环氧胶泥、粘贴环氧玻璃布等方法进行封闭处理；严重的裂缝，将明显降低结构刚度，应按照具体情况，采取预应力加固或用钢筋混凝土围套、钢套箍加固等方法处理

质量通病现象	原 因 分 析	防 治 措 施
结构混凝土表面出现徐变裂缝	先张法或者后张法构件（预应力筋在端部全弯起），支座处混凝土预压应力一般很小，甚至没有预压应力，当构件与下部支承结构焊接后，变形受到约束，由于徐变的作用加上混凝土的温度收缩等影响，使支座处产生拉应力，导致裂缝出现 预应力吊车梁、屋面板，在使用阶段，在支座附近出现由下而上的竖向裂缝或者斜向裂缝，如图 5-7 所示	在构件端部设置足够的非预应力纵向构造钢筋或采取附加锚固措施；屋面板等构件，可以在预埋件钢板上加焊插筋，伸入受拉区；适当加大吊车梁端头截面高度，压低预应力筋的锚固位置，减小非预压区；支承节点采用微动连接，在预留孔内设置橡胶垫圈等
结构混凝土表面出现塑性收缩裂缝	塑性收缩裂缝多在新浇筑并暴露于空气中的结构、构件表面出现，且长短不一，互不连贯，裂缝较，类似于干燥的泥浆面，如图 5-8 所示。大多在混凝土初凝后（一般在浇筑后 4h 左右），当外界气温高，风速大，气候很干燥的情况下出现。塑性裂缝若与内部温度裂缝叠加形成贯穿性裂缝，将严重影响结构性能和使用情况 塑性收缩裂缝产生主要原因有： （1）混凝土浇筑后，表面没有及时覆盖，受风吹日晒，表面游离水分蒸发过快，产生急剧的体积收缩，而此时混凝土早期强度低，不能抵抗这种变形应力而导致开裂 （2）使用收缩率较大的水泥或水泥用量过多，或使用过量的粉砂 （3）混凝土水灰比过大，模板、垫层过于干燥，吸收水分太大等 （4）浇筑在斜坡上的混凝土，由于重为作用有向下流动产生的裂纹	（1）配制混凝土时，应严格控制水灰比和水泥用量，选择级配良好的砂，减小空隙率和砂率，同时要捣固密实，以减少收缩量，提高混凝土抗裂强度 （2）配制混凝土前，将基层和模板浇水湿透，避免吸收混凝土中的水分，混凝土浇筑后，对裸露表面应及时用潮湿材料覆盖，认真养护，防止强风吹袭和烈日暴晒 （3）在气温高、温度低或风速大的天气施工，混凝土浇筑后，应及早进行喷水养护，使其保持湿润；大面积混凝土宜浇完一段，养护一段。在炎热季节，要加强表面的抹压和养护工作 （4）如混凝土仍保持塑性，可采取及时压抹一遍或重新振捣的办法来消除，再加强覆盖养护；如混凝土已硬化，可向裂缝内装入干水泥粉，或在表面抹薄层水泥砂浆进行处理；对于预制构件，也可在裂缝表面涂环氧胶泥或粘贴环氧玻璃布进行封闭处理，以防钢筋锈蚀

质量通病现象	原 因 分 析	防 治 措 施
结构混凝土表面出现沉陷裂缝	沉陷裂缝多在基础、墙等结构上出现，大多是深进或贯穿性裂缝，其走向与沉陷情况有关，有的在上部，有的在下部，通常与地面垂直，或呈30°、45°发展，如图5-9所示，较大的不均匀沉陷裂缝，一般上下或左右有一定的错距，因荷载大小而异，而且与不均匀沉陷值成比例，裂缝宽度受温度变化影响较小。这种裂缝破坏结构的整体性，降低刚度，使裂缝增大，不同程度地影响结构的承载力、耐久性	（1）对于软硬地基、松软土、填土地基应进行必要的夯（压）实和加固 （2）模板应支撑牢固，确保整个支撑系统有足够的承载力和刚度，并使地基受力均匀。拆模时间不能过早，应该按规定执行 （3）结构各部分荷载悬殊的结构，适当增设构造钢筋，以防止不均匀下沉，造成应力集中而出现裂缝 （4）施工场地周围应做好排水措施，并且注意防止水管漏水或养护水浸泡地基 （5）模板支架通常不应支承在冻胀性土层上，如果确实不可避免，则应加垫板，做好排水，覆盖好保温材料 （6）不均匀沉陷裂缝对结构的承载能力、整体性、耐久性有特别大的影响，因此，应按照裂缝的部位和严重程度，会同设计等有关部门对结构进行适当的加固处理（如设钢筋混凝土围套、加钢套箍等）

质量通病现象	原　因　分　析	防　治　措　施
结构混凝土表面出现温度裂缝	加强混凝土早期养护，并适当延长养护时间。暴露在露天的混凝土应该及早回填或封闭，防止发生过大的湿度变化 　　温度裂缝又称为温差裂缝，表面温度裂缝走向无一定规律性，长度尺寸较大的基础、墙、梁、板类结构，裂缝多平行于短边；大体积混凝土结构的裂缝常纵横交错。深进的和贯穿的温度裂缝，通常与短边方向平行或接近于平行，裂缝沿全长分段出现，中间较密。裂缝宽度大小不一，通常在 0.5mm 以下，沿全长没有多大变化。表面温度裂缝多发生在施工期间，深进的或贯穿的多发生在浇筑后 2～3 个月或者更长时间，缝宽受温度变化影响较明显，冬季较宽，夏季较细。沿截面高度，裂缝大多呈上宽下窄状，但是个别也有下宽上窄的情况，遇顶部或底板配筋较多的结构，有时也会出现中间宽、两端窄的梭形裂缝	（1）预防表面温度裂缝，可以控制构件内外层出现过大温差。浇筑混凝土后，应及时用草袋或麻袋覆盖洒水养护；在冬期混凝土表面应根据热工计算要求采取保温措施，不过早拆除模板和保温层；对于薄壁构件，适当延长拆模时间，使之缓慢降温；拆模时，块体中部和表面温差不宜大于 200℃，以防止急剧冷却造成表面裂缝；地下结构混凝土拆模后要及时做防水层和回填 　　（2）预防深进和贯穿温度裂缝应采取如下措施： 　　1）尽可能选用低热或中热水泥（如矿渣水泥、粉煤灰水泥）配制混凝土；或混凝土中掺加适量粉煤灰或减水剂（木质磺酸钙、MF 等）；或利用混凝土的后期强度（90～180d），以降低水泥用量，减少水化热量。选用良好级配的骨料，并且严格控制砂、石子含泥量，降低水灰比（0.6 以下）；加强振捣，来提高混凝土的密实性和抗拉强度 　　2）在混凝土中掺加缓凝剂，减缓浇筑速度，以利散热。在设计允许的情况下，可掺入不大于混凝土体积 25% 的块石，以吸收热量，并且节省混凝土 　　3）避开炎热天气浇筑大体积混凝土。如须在炎热天气浇筑时，应采用冰水或搅拌水中掺加冰屑拌制混凝土；对骨料设简易遮阳装置或进行喷水预冷却；运输混凝土应加盖防、日晒，来降低混凝土搅拌和浇筑温度

质量通病现象	原 因 分 析	防 治 措 施
结构混凝土表面出现温度裂缝	温度裂缝有表面的、深进的和贯穿的。深进的和贯穿的温度裂缝多因为结构降温差较大，受到外界的约束而引起的。当大体积混凝土基础、墙体浇筑在坚硬地基（特别是岩石地基）或者厚大的旧混凝土垫层上时，未采取隔离层等放松约束的措施，如果混凝土浇筑时温度很高，加上水泥水化热的温升很大，使混凝土的温度很高，当混凝土降温收缩，全部或部分地受到地基、混凝土垫层或其他外部结构的约束，将会在混凝土内部出现很大的拉应力，出现降温收缩裂缝。这类裂缝较深，有时是贯穿性的（图 5-10），将破坏结构的整体性。基础工程长期不回填，受风吹日晒或寒潮袭击作用；框架结构的梁、墙板、基础梁，因为与刚度较大的柱、基础约束，降温时也常常出现这类裂缝。采用蒸汽养护的结构构件，混凝土降温制度控制不严，降温过速，使混凝土表面急剧降温，而受到内部的约束，常致使结构表面出现裂缝	4）浇筑薄层混凝土，每层浇筑厚度控制不大于 30cm，以加快热量的散发，并使温度分布较均匀，与此同时便于振捣密实，以提高弹性模量 5）大型设备基础采取分块分层浇筑（每层间隔时间为 5～7d），分块厚度为 1.0～1.5m，以利于水化热的散发并减少约束作用。对于较长的基础和结构，采取每隔 20～30m 留一条 0.5～1.0m 宽的间断后浇缝，钢筋仍确保连续不断，30d 后再用掺 UEA 微膨胀细石混凝土填灌密实，来削减温度收缩应力 6）混凝土浇筑在岩石地基或者厚大的混凝土垫层上时，在岩石地基或混凝土垫层上铺调防滑隔离层（浇二度沥青胶，撒铺 5mm 厚砂子或铺二毡三油）；底板高低起伏和截面突变处，做成渐变化形式，来消除或减少约束作用 7）加强早期养护，提高抗拉强度。混凝土浇筑后，表面立即用塑料薄膜、草垫等覆盖，并洒水养护；深坑基础可采取灌水养护。夏季适当延长养护时间。在寒冷季节，混凝土表面应该采取保温措施，以防止寒潮袭击。对薄壁结构要适当延长拆模时间，使其缓慢地降温。拆模时，块体中部和表面温差控制不大于 20℃，以防急剧冷却，导致表面裂缝；基础混凝土拆模后应及时回填

质量通病现象	原 因 分 析	防 治 措 施
结构混凝土表面出现温度裂缝	温度裂缝有表面的、深进的和贯穿的。深进的和贯穿的温度裂缝多因为结构降温差较大，受到外界的约束而引起的。当大体积混凝土基础、墙体浇筑在坚硬地基（特别是岩石地基）或者厚大的旧混凝土垫层上时，未采取隔离层等放松约束的措施，如果混凝土浇筑时温度很高，加上水泥水化热的温升很大，使混凝土的温度很高，当混凝土降温收缩，全部或部分地受到地基、混凝土垫层或其他外部结构的约束，将会在混凝土内部出现很大的拉应力，出现降温收缩裂缝。这类裂缝较深，有时是贯穿性的（图5-10），将破坏结构的整体性。基础工程长期不回填，受风吹日晒或寒潮袭击作用；框架结构的梁、墙板、基础梁，因为与刚度较大的柱、基础约束，降温时也常常出现这类裂缝。采用蒸汽养护的结构构件，混凝土降温制度控制不严，降温过速，使混凝土表面急剧降温，而受到内部的约束，常致使结构表面出现裂缝	8）加强温度管理。混凝土拌制时温度要低于25℃；浇筑时要低于30℃。浇筑后控制混凝土与大气温度差不大于25℃，混凝土本身内外温差在20℃以内；加强养护过程中的测温工作，如果发现温差过大，及时覆盖保温，使混凝土缓慢地降温，缓慢地收缩，以有效地发挥混凝土的徐变特性，降低约束应力，提高结构抗拉能力 （3）已存在的温度裂缝，对钢筋锈蚀，对混凝土抗碳化、抗冻融、抗疲劳等方面有极大影响，这时可采取以下治理措施： 1）对表面裂缝，可采用涂两遍环氧胶泥或贴环氧玻璃布，以及抹、喷水泥砂浆等方法进行表面封闭处理 2）对有整体性防水、防渗要求的结构，缝宽大于0.1mm的深进或者贯穿性裂缝，应按照裂缝可灌程度，采用灌水泥浆或化学浆液（环氧、甲凝或丙凝浆液）方法进行裂缝修补，或者灌浆与表面封闭同时采用 3）宽度不大于0.1mm的裂缝，因为后期水泥生成氢氧化钙、硫酸铝钙等类物质，碳化作用能使裂缝自行愈合，可不处理或者只进行表面处理即可

质量通病现象	原 因 分 析	防 治 措 施
结构混凝土表面出现沉降收缩裂缝	沉降收缩裂缝多沿结构上表面钢筋通长方向或箍筋上断续出现，如图 5-11 所示，或在埋设件的附近周围出现。裂缝呈梭形，深度不大，一般到钢筋上表面为止，在钢筋底部形成空隙。多在混凝土浇筑后发生，混凝土硬化即停止。这种裂缝如果不及时处理，会遭受水分和气体侵入，直接锈蚀钢筋，当气温处于 −3℃ 以下时，水分结冰体积膨胀，会进一步扩大裂缝宽度和深度，如此循环扩大，将影响整个工程的安全。其原因主要是混凝土浇筑振捣后，粗骨料沉落，挤出水分、空气，表面呈现泌水，而形成竖向体积缩小沉落，这种沉落受到钢筋、预埋件、模板、大的粗骨料以及先期凝固混凝土的局部阻碍或约束，或混凝土本身各部位相互沉降量相差过大而造成裂缝	施工时应加强混凝土配制和施工操作控制，不使水灰比、砂率、坍落度过大；振捣要充分，但避免过度；对于截面相差较大的混凝土构筑物，可先浇筑深部位，静停 2～3h，待沉降稳定后，再与上部薄截面混凝土同时浇筑，以避免沉降过大导致裂缝

质量通病现象	原　因　分　析	防　治　措　施
结构混凝土表面出现干燥收缩裂缝	混凝土成型后，养护不当，受到风吹日晒，表面水分散失快，体积收缩大，而内部湿度变化很小，收缩也小，因而表面收缩变形受到内部混凝土的约束，出现拉应力，引起混凝土表面开裂；或者平卧长型构件水分蒸发，产生的体积收缩受到地基或垫层的约束，而出现干缩裂缝。这种干燥收缩裂缝通常在表面出现，宽度较细，多在0.05～2.0mm之间，走向纵横交错，没有规律性，裂缝分布不均，但是对基础、墙、较薄的梁、板类结构，多沿短方向分布（图5-12）整体性变截面结构多发生在结构变截面处，大体积混凝土在平面部位较为多见，侧面也有时出现。这类裂缝通常在混凝土露天养护完毕经一段时间后，在上表面或侧面出现，并随着湿度的变化而变化，表面强烈收缩可使裂缝由表及里、由小到大逐步向深部发展	在施工中做到以下几点： （1）混凝土水泥用量、水灰比和砂率不能过大；提高粗骨料含量，以降低干缩量；严格控制砂、石含泥量，避免使用过量粉砂 （2）混凝土应振捣密实，并注意对板面进行抹压，可在混凝土初凝后、终凝前，进行二次抹压，以提高混凝土抗拉强度，减少收缩量 （3）加强混凝土早期养护，并适当延长养护时间。暴露在露天的混凝土应及早回填土或封闭，避免发生过大的湿度变化 （4）在混凝土表面喷一度氯偏乳液养护剂，或者覆盖塑料薄膜或湿草袋，使水分不容易蒸发

质量通病现象	原 因 分 析	防 治 措 施
结构混凝土表面出现化学反应裂缝	在梁、柱结构表面出现和钢筋平行的纵向裂缝；板类构件在板底面沿钢筋位置出现裂缝，缝隙中并夹有斑黄色锈迹；有的在混凝土表面出现不规则的崩裂，裂缝呈块状或者大网格图案状，中心突起，向四周扩散，在浇筑完当年或更长时间发生；有的混凝土表面出现大小不等的圆形或类似圆形崩裂、剥落，类似"出豆子"，内有白黄色颗粒，常常在浇筑后两个月出现。此类裂缝因为钢筋锈蚀，锈点膨胀，会加速裂缝发展，引起保护层脱落，使钢筋不可有效地发挥作用，承载力降低，影响结构安全	（1）冬期施工混凝土中掺加氯化物量应严格控制在允许的范围内，并且掺加适量阻锈剂（亚硝酸钠）；选用海砂作细骨料时，氯化物含量应控制在砂重的 0.1%以内；在钢筋混凝土结构中避免用海水拌制混凝土；适当增厚保护层或对钢筋涂防腐蚀涂料，对于混凝土加密封外罩；混凝土采用级配良好的石子，使用低水灰比，加强振捣，降低渗透率，阻止电腐蚀作用 （2）采用含铝酸三钙少的水泥，或者掺加火山灰掺料，以减轻硫酸盐或镁盐对水泥的作用；或者对混凝土表面进行防腐，以阻止对混凝土的侵蚀；防止采用含硫酸盐或镁盐的水拌制混凝土 （3）防止采用含活性氧化硅的骨料配制混凝土，或者采用低碱性水泥和掺火山灰的水泥配制混凝土，降低碱化物质和活性硅的比例，来控制化学反应的产生 （4）加强水泥的检验，避免使用含游离氧化钙多的水泥配制混凝土，或经处理后使用 钢筋锈蚀膨胀裂缝，应该把主筋周围含盐混凝土凿除，铁锈以喷砂法清除，然后用喷浆或加围套方法修补

质量通病现象	原 因 分 析	防 治 措 施
结构混凝土表面出现冻胀裂缝	结构构件表面沿主筋、箍筋方向出现宽窄不一的裂缝，深度通常到主筋，周围混凝土疏松、剥落。这种裂缝不同程度地影响结构的承载力和耐久性、整体性。其产生原因是冬期施工混凝土结构构件未保温，混凝土早期遭受冻结，将表层混凝土冻胀，解冻后，钢筋部位变形仍不能恢复而出现裂缝、剥落，如图5-13所示	结构构件冬期施工时，配制混凝土应该采用普通硅酸盐水泥，低水灰比，并掺入适量早强剂、抗冻剂，以提高早期强度；对混凝土进行蓄热保温或加热养护，直至达到40%设计强度 避免在冬期进行预应力构件孔道灌浆。须灌浆时，应该在灰浆中掺加早强型防冻减水剂或掺加气剂，防止水泥沉淀产生游离水；灌浆后进行加热养护，直到达到规定强度 对于通常裂缝可用环氧胶泥封闭；对较宽较深裂缝，用环氧砂浆补缝或再加贴环氧玻璃布处理；对于较严重的裂缝，应将疏松剥落部分凿去，加焊钢丝网后，重新浇筑一层细石混凝土，并且加强养护
结构混凝土表面出现凝缩裂缝	混凝土表面呈现碎小的六角形花纹状裂缝，如图5-14所示，裂缝很浅，常常在初凝期间出现。这种裂缝不影响强度，但若是清水混凝土则影响其装饰效果。此外，在混凝土表面撒干水泥压光，也常出现这类裂缝	混凝土表面刮抹应限制到最少程度，避免在混凝土表面撒干水泥刮抹，例如表面粗糙，含水量大，可以撒较稠水泥砂浆或干水泥砂再压光 一般来说，凝缩裂缝不影响强度，可不做处理；对有美观要求的，可在表面加抹薄层水泥砂浆进行处理

质量通病现象	原 因 分 析	防 治 措 施
混凝土裂缝未及时进行治理	混凝土结构或者构件出现裂缝，有的破坏结构整体性，降低刚度，使变形增大，不同程度地影响结构承载力、耐久性；有的虽对承载力无多大影响，但是会引起钢筋锈蚀，降低耐久性，或发生渗漏，影响使用	应根据裂缝发生原因、性质、特征、大小、部位，结构受力情况和使用要求，区别情况立即治理。钢筋混凝土结构构件最大裂缝宽度允许值见表 5-3。通常用的治理方法有以下几种： （1）表面修补法　适用于对承载能力无影响的表面及深进的裂缝，以及大面积细裂缝防渗漏水的处理 1）表面涂抹砂浆法适用于稳定的表面及深进裂缝的处理。处理时将裂缝附近的混凝土表面凿毛，或者沿裂缝（深进的）凿成深 15～20mm、宽 100～150mm 的凹槽，扫净并洒水湿润，先刷水泥净浆一遍，然后用 1：（1～2）水泥砂浆分 2～3 层涂抹，总厚为 10～20mm，并压光。有渗漏水时，应用水泥净浆（厚 2mm）与 1：2 水泥砂浆（厚 4～5mm）交替抹压 4～5 层，涂抹 3～4h 后，进行覆盖洒水养护 2）表面涂抹环氧胶泥（或粘贴环氧玻璃布）法适用于稳定的、干燥的表面以及深进裂缝的处理。涂抹环氧胶泥前，将裂缝附近表面灰尘、浮渣清除、洗净并干燥。油污应当用有机溶剂或丙酮擦洗净。如表面潮湿，应用喷灯烘烤干燥、预热，以确保胶泥与基层良好的粘结。基层干燥困难时，则用环氧煤焦油胶泥（涂料）涂抹。较宽裂缝先用刮刀堵塞环氧胶泥，涂刷时用硬毛刷或刮板蘸取胶泥，均匀涂刮在裂缝表面，宽 80～100mm，通常涂刷二遍。贴环氧玻璃布时，一般贴 1～2 层，第二层布的周边应比下面一层宽 10～15mm，以便压边

质量通病现象	原 因 分 析	防 治 措 施
混凝土裂缝未及时进行治理	混凝土结构或者构件出现裂缝，有的破坏结构整体性，降低刚度，使变形增大，不同程度地影响结构承载力、耐久性；有的虽对承载力无多大影响，但是会引起钢筋锈蚀，降低耐久性，或发生渗漏，影响使用	3）表面凿槽嵌补法适用于独立的裂缝宽度较大的死裂缝和活裂缝的处理。沿混凝土裂缝凿一条宽 5~6mm V 形、U 形或 U 形槽，槽内嵌入刚性材料，如水泥砂浆或环氧胶泥；或者填灌柔性密封材料，例如聚氯乙烯胶泥、沥青油膏、聚氨酯以及合成橡胶等密封。表面做砂浆保护层或不做保护层，具体构造处理见图 5-15。槽内混凝土面应修理平整并清洗干净，不平处用水泥砂浆填补。嵌填时槽内用喷灯烘烤使干燥。嵌补前，槽内表面涂刷嵌填材料稀释涂料。对于修补活裂缝仅在两侧涂刷，槽底铺一层塑料薄膜缓冲层，以防止填料与槽底混凝土粘合，在裂缝上造成应力集中，将填料撕裂。然后用抹子或刮刀将砂浆（或环氧胶泥柔性填料）嵌入槽内使饱满压实，最后用 1:2.5 水泥砂浆抹平压光（对活裂缝不做砂浆保护层） （2）内部修补法　适用于对结构整体性有影响，或有防水、防渗要求的裂缝修补 1）注射法。当裂缝宽度小于 0.5mm 时，可以用医用注射器压入低稠度、不掺加粉料的环氧树脂胶粘剂。注射时，应在裂缝干燥或用热烘烤使缝内不存在湿气的条件下进行，注射次序从裂缝较低一端开始，针头尽量插入缝内，缓慢注入，使环氧胶粘剂在缝内向另一端流动填充，方便缝内空气排出。注射完毕在缝表面涂刷环氧胶泥二遍或者再加贴一层环氧玻璃布条盖缝

质量通病现象	原 因 分 析	防 治 措 施
混凝土裂缝未及时进行治理	混凝土结构或者构件出现裂缝，有的破坏结构整体性，降低刚度，使变形增大，不同程度地影响结构承载力、耐久性；有的虽对承载力无多大影响，但是会引起钢筋锈蚀，降低耐久性，或发生渗漏，影响使用	2）化学注浆法。化学灌浆具有黏度低、可灌性好、收缩小以及有较高的粘结强度和一定的弹性等优点，恢复结构整体性的效果好。适用于各种情况下的裂缝修补及堵漏、防渗处理 灌浆材料应按照裂缝的性质、缝宽和干燥情况选用。常常用的灌浆材料有环氧树脂浆液（能修补缝宽 0.05～0.15mm 以下的干燥裂缝）、甲凝（能灌 0.03～0.1mm 的干燥细微裂缝）、丙凝（用于渗水裂缝的修补、堵水以及止漏，能灌 0.1mm 以下的湿细裂缝）等。其中环氧树脂浆液因具有化学材料较单一，来源广，施工操作方便，粘结强度高，成本低等优点，应用最广泛 环氧树脂浆液系由环氧树脂（胶粘剂）、邻苯二甲酸二丁酯（增塑剂）、二甲苯（稀释剂）、乙二胺（固化剂）及粉料（填充料）等配制而成。环氧浆液灌浆工艺流程以及设备如图 5-16（a）所示 灌浆通常采取骑缝直接施灌。表面处理同环氧胶泥表面涂抹。灌浆嘴为带有细丝扣的活接头，用环氧腻子固定在裂缝上，间距 40～50cm，贯通缝应在两面交叉设置。裂缝表面用环氧胶泥（或腻子）封闭。硬化后，先试气了解缝面通顺情况，气压保持 0.2～0.3MPa，垂直缝从下往上，

质量通病现象	原　因　分　析	防　治　措　施
混凝土裂缝未及时进行治理	混凝土结构或者构件出现裂缝，有的破坏结构整体性，降低刚度，使变形增大，不同程度地影响结构承载力、耐久性；有的虽对承载力无多大影响，但是会引起钢筋锈蚀，降低耐久性，或发生渗漏，影响使用	水平缝从一端向另一端，如漏气，可以用石膏快硬腻子封闭。灌浆时，将配好的浆液注入压浆罐内，先将活接头接在第一个灌浆嘴上，开动空压机送气（气压一般为 0.3～0.5MPa），即将环氧浆液压入裂缝中，等待浆液从邻近灌浆嘴喷出后，即用小木塞将第一个灌浆孔封闭，以便保持孔内压力，然后同法依次灌注其他灌浆孔，直到全部灌注完毕。环氧浆液通常在 20～25℃下经 16～24h 即可硬化，可将灌浆嘴取下重复使用。在缺乏灌浆设备时，较宽的平、立面裂缝也可以用手压泵进行。甲凝灌浆与环氧灌浆工艺方法相同，丙凝灌浆多采用双液注浆工艺方法（图 5-16） （3）结构加固法　适用于对结构整体性、承载能力有较大影响的、表面损坏严重的，表面、深进及贯穿性裂缝的加固处理，通常方法有以下几种 1）围套加固法。当周围空间尺寸允许的情况下，在结构外部一侧或三侧外包钢筋混凝土围套（图 5-17a、b），来增加钢筋和截面，提高其承载能力。对构件裂缝严重，尚未破碎裂透或一侧破裂的，将裂缝部位钢筋保护层凿去，外包钢丝网一层。如果钢筋扭曲已达到流限，则加焊受力短钢筋及箍筋（或钢丝网），重新浇筑一层 3.5cm 厚细石混凝土加固（图 5-17c）.大型设备基础通常采取增设围套或钢板

质量通病现象	原 因 分 析	防 治 措 施
混凝土裂缝未及时进行治理	混凝土结构或者构件出现裂缝，有的破坏结构整体性，降低刚度，使变形增大，不同程度地影响结构承载力、耐久性；有的虽对承载力无多大影响，但是会引起钢筋锈蚀，降低耐久性，或发生渗漏，影响使用	带套箍（图 5-18），增加环向抗拉强度的方法处理。对于基础表面的裂缝，通常在设备安装的灌浆层内放入钢筋网及套箍进行加固（图 5-19）。加固时，原混凝土表面应凿毛洗净，或将主筋凿出；如钢筋锈蚀严重，应该打去保护层，喷砂除锈。增配的钢筋应根据裂缝程度由计算确定。浇筑围套混凝土前，模板与原结构均应充分浇水湿润。模板顶部设八字口，使浇筑面有一个自重压实的高度。选用高一强度等级的细石混凝土，控制水灰比，加适量减水剂，注意捣实，每段一次浇筑完毕，并加强养护 2）钢箍加固法。在结构裂缝部位四周用 U 形螺栓或型钢套箍（图 5-20）将构件箍紧，以防裂缝扩大，提高结构的刚度和承载力。加固时，应使钢套箍与混凝土表面紧密接触，以确保共同工作 3）预应力加固法。在梁、桁架下部增设新的支点和预应力拉杆，来减小裂缝宽度（甚至闭合），提高结构承载能力（图 5-21a、b），拉杆一般采用电热法建立预应力。也可以用钻机在结构或构件上垂直于裂缝方向钻孔，然后穿入钢筋施加预应力使裂缝闭合（图 5-21c）。钢材表面应涂刷防锈漆二遍

质量通病现象	原因分析	防治措施
混凝土裂缝未及时进行治理	混凝土结构或者构件出现裂缝，有的破坏结构整体性，降低刚度，使变形增大，不同程度地影响结构承载力、耐久性；有的虽对承载力无多大影响，但是会引起钢筋锈蚀，降低耐久性，或发生渗漏，影响使用	4）粘贴加固法。系将 3～5mm 厚钢板采用 JGN-I 或 JGN-Ⅱ型胶粘剂（或 JG-86 型动荷结构胶、AC、JGN 型、JG-JGN 建筑结构胶或 YJS-1 型建筑结构胶粘剂）粘贴到结构构件混凝土表面，让钢板与混凝土结合成整体共同工作。这类胶粘剂有良好的粘结性能，粘结抗拉强度：钢与钢≥33MPa；钢与混凝土，混凝土破坏；粘结抗剪强度：钢与钢≥18MPa；钢与混凝土，混凝土破坏；胶粘剂的抗压强度＞60MPa；抗拉强度＞30MPa。加固时将裂缝部位凿毛，刷洗干净，将钢板按照要求尺寸剪切好，在粘贴一面除锈，用砂轮打毛（或喷砂处理），在混凝土和钢板粘贴面两面涂覆。胶层厚 0.8～1.0mm，然后将钢板粘贴在裂缝部位表面，0.5h 后在四周用钢丝缠绕数圈，并且用木楔楔紧，将钢板固定（图 5-22）。胶粘剂为常温固化，通常 24h 可达到胶粘剂强度的 90％以上，72h 固化完成，卸去夹紧用钢丝、木楔。加固后，表面刷与混凝土颜色相近的灰防锈漆 5）喷浆加固法适用于混凝土因钢筋锈蚀、化学反应、腐蚀、冻胀等原因导致的大面积裂缝补强加固。先将裂缝损坏的混凝土全部铲除，清除钢筋铁锈，严重的选用喷砂法除锈，然后以压缩空气或者高压水将表面冲洗干净并保持湿润，在外表面加一层钢筋网或钢筋网与原有钢筋点焊固

质量通病现象	原 因 分 析	防 治 措 施
混凝土裂缝未及时进行治理	混凝土结构或者构件出现裂缝，有的破坏结构整体性，降低刚度，使变形增大，不同程度地影响结构承载力、耐久性；有的虽对承载力无多大影响，但是会引起钢筋锈蚀，降低耐久性，或发生渗漏，影响使用	定，接着在混凝土表面涂一层水泥素浆来增强粘结。凝固前，用混凝土喷射机喷射混凝土，通常用干法，它是将按一定比例配合搅拌均匀的水泥、砂、石子（比例为：52.5级普通水泥；中粗砂；粒径0.3～0.7cm的石子＝1：2：1.5～2）干拌合料送入喷射机内，利用压缩空气（风压为0.14～0.18MPa）将拌合料经软管压送到喷枪嘴，在喷嘴后部与通入的压力水（水压0.3MPa）混合，高速度喷射于补缝结构表面，形成一层密实整体外套。混凝土水灰比应控制在0.4～0.5，混凝土厚度为30～75mm。混凝土抗压强度为30～35MPa，抗拉强度为2MPa，粘结强度应为1.1～1.3MPa

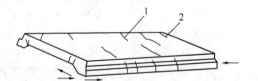

图5-3　放张引起的板面横向及纵向裂缝
1—横向裂缝；2—斜向裂缝

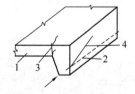

图5-4　预应力大型屋面板端头裂缝
1—横肋；2—纵肋；3—裂缝；4—斜裂缝
τ—应力

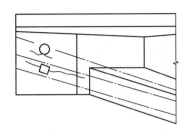

图 5-5　吊车梁端头裂缝

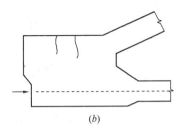

(a) 　　　　　　　　(b)

图 5-6　预应力屋架端头水平和垂直裂缝
(a) 端头水平裂缝；(b) 端头垂直裂缝

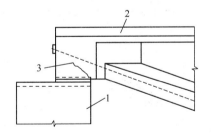

图 5-7　徐变引起的裂缝
1—柱牛腿；2—预应力吊车梁；3—裂缝

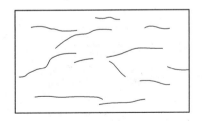

图 5-8　塑性收缩裂缝

221

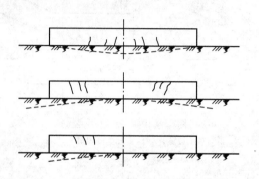

图 5-9　不均匀沉陷裂缝

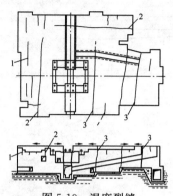

图 5-10　温度裂缝

1—表面裂缝；2—深进裂缝；3—贯穿裂缝

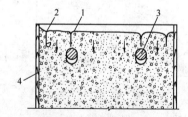

图 5-11　沉降收缩裂缝

1—因钢筋或粗骨料阻挡下沉而出现的裂缝；
2—与模板黏滞而出现的裂缝；3—钢筋；
4—模板

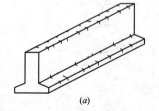

图 5-12　干燥收缩裂缝

(a) 基础；(b) 梁

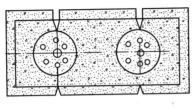

图 5-13　冻胀裂缝

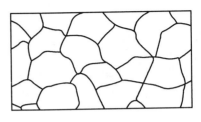

图 5-14　凝缩裂缝

钢筋混凝土结构构件最大裂缝宽度允许值　　　　　　　　　　表 5-3

类别	结构构件所处条件	允许裂缝宽度/mm
因荷载变化要求控制的裂缝宽度	按裂缝出现设计（不允许出现裂缝的工程）	不允许
	烟囱、用于贮存松散体的筒仓	0.2
	处于液体压力而无专门保护措施的结构构件	0.2
	处于正常条件的一般构件	0.3
因持久强度（钢筋不致受腐蚀条件）要求控制的裂缝宽度	严重侵蚀条件下，有防渗要求混凝土纯自防水，有防渗要求的地下、屋面工程，非高压水条件	0.1
	轻微侵蚀条件下，无防渗要求	0.2
	处于正常条件下的结构构件，无防渗要求	0.3

223

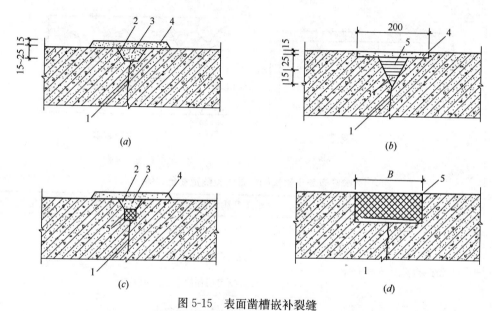

图 5-15　表面凿槽嵌补裂缝

（a）一般裂缝处理；（b）、（c）渗水裂缝处理；（d）活动裂缝处理

1—裂缝；2—水泥净浆 2mm 厚；3—M30 膨胀砂浆或 C30 膨胀混凝土（或 1：2 水泥砂浆）；

4—环氧胶泥或 1：2.5 水泥砂浆（或刚性五层抹面）；5—聚氯乙烯胶泥等密封材料；

B—槽宽

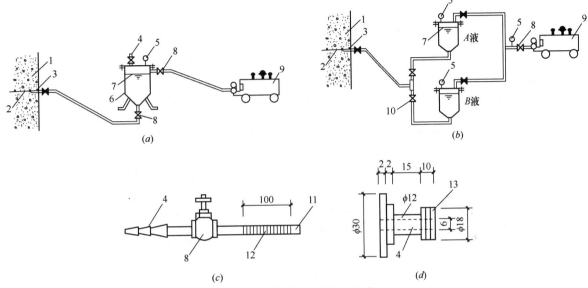

图 5-16　灌浆工艺流程及设备

(a) 环氧（甲凝）浆液灌浆工艺流程及设备；(b) 丙凝浆液灌浆工艺流程及设备；

(c) 楔入式注浆嘴；(d) 贴面式注浆嘴

1—混凝土结构；2—裂缝；3—注浆嘴；4—进浆口；5—压力表；6—风压罐；7—浆液；

8—阀门；9—空气压缩机；10—逆止阀；11—出浆口；12—麻丝；13—丝扣

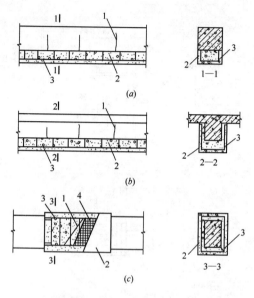

图 5-17　钢筋混凝土围套加固

1—裂缝；2—钢筋混凝土围套；

3—附加钢筋；4—钢丝网

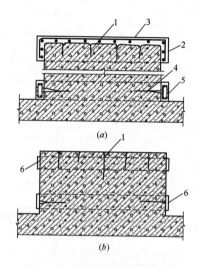

图 5-18　设备基础裂缝加固处理

（a）用钢筋混凝土围套加固；（b）用钢板带箍加固

1—裂缝；2—混凝土加固层；3—钢筋网片；

4—涂环氧树脂浆液，并灌细石混凝土；5—钢筋

混凝土围套；6—8mm 厚钢板套箍（用 JGN 建筑

结构胶粘结）或钢板套用钢楔打紧后灌浆

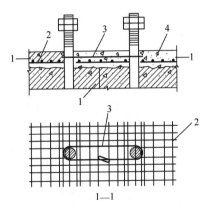

图 5-19 设备基础地脚螺栓中间裂缝加固
1—裂缝；2—钢筋网片；
3—钢筋套箍；4—二次混凝土灌浆层

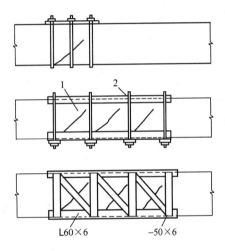

图 5-20 钢套箍加固
1—裂缝；2—钢套箍

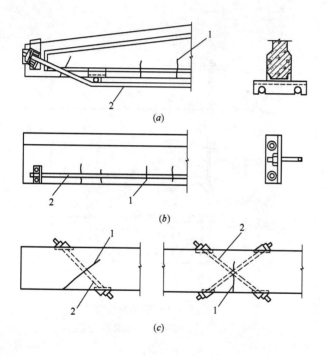

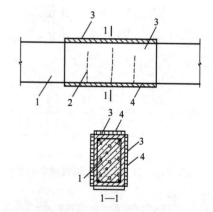

图 5-21 预应力加固
(a)、(b) 预应力拉杆加固;(c) 预应力筋加固
1—裂缝;2—预应力拉杆或预应力钢筋

图 5-22 粘钢加固
1—梁结构件;2—裂缝;3—3~5mm 厚薄钢板;
4—JG-86 型动荷结构胶或 JGN 型建筑结构胶

5.2 现浇结构工程质量标准及验收方法

5.2.1 一般规定

（1）现浇结构质量验收应符合下列规定：

1）现浇结构质量验收应在拆模后、混凝土表面未作修整和装饰前进行，并应做出记录。

2）已经隐蔽的不可直接观察和量测的内容，可检查隐蔽工程验收记录。

3）修整或返工的结构构件或部位应有实施前后的文字及图像记录。

（2）现浇结构的外观质量缺陷应由监理单位、施工单位等各方根据其对结构性能和使用功能影响的严重程度按表 5-4 确定。

现浇结构外观质量缺陷

表 5-4

名称	现象	严重缺陷	一般缺陷
露筋	构件内钢筋未被混凝土包裹而外露	纵向受力钢筋有露筋	其他部位有少量露筋
蜂窝	混凝土表面缺少水泥砂浆面形成石子外露	构件主要受力部位有蜂窝	其他部位有少量蜂窝
孔洞	混凝土中孔穴深度和长度均超过保护层厚度	构件主要受力部位有孔洞	其他部位有少量孔洞
夹渣	混凝土中夹有杂物且深度超过保护层厚度	构件主要受力部分有夹渣	其他部位有少量夹渣
疏松	混凝土中局部不密实	构件主要受力部位有疏松	其他部位有少量疏松

名称	现象	严重缺陷	一般缺陷
裂缝	裂缝从混凝土表面延伸至混凝土内部	构件主要受力部位有影响结构性能或使用功能的裂缝	其他部位有少量不影响结构性能或使用功能的裂缝
连接部位缺陷	构件连接处混凝土有缺陷及连接钢筋、连接件松动	连接部位有影响结构传力性能的缺陷	连接部位有基本不影响结构传力性能的缺陷
外形缺陷	缺棱掉角、棱角不直、翘曲不平、飞边凸肋等	清水混凝土构件有影响使用功能或装饰效果的外形缺陷	其他混凝土构件有不影响使用功能的外形缺陷
外表缺陷	构件表面麻面、掉皮、起砂、沾污等	具有重要装饰效果的清水混凝土构件有外表缺陷	其他混凝土构件有不影响使用功能的外表缺陷

（3）装配式结构现浇部位的外观质量、位置偏差、尺寸偏差验收应符合本章要求；预制构件与现浇结构之间的结合面应符合设计要求。

5.2.2 外观质量

现浇结构混凝土外观质量标准及验收方法应符合表 5-5 的规定。

现浇结构混凝土外观质量标准及验收方法　　　　　　　表 5-5

项目	合格质量标准	检查数量	检验方法
主控项目	现浇结构的外观质量不应有严重缺陷 　　对已经出现的严重缺陷，应由施工单位提出技术处理方案，并经监理单位认可后进行处理；对裂缝、连接部位出现的严重缺陷及其他影响结构安全的严重缺陷，技术处理方案尚应经设计单位认可。对经处理的部位应重新验收	全数检查	观察，检查处理记录
一般项目	现浇结构的外观质量不应有一般缺陷 　　对已经出现的一般缺陷，应由施工单位按技术处理方案进行处理。对经处理的部位应重新验收	全数检查	观察，检查处理记录

5.2.3 位置和尺寸偏差

　　现浇结构混凝土位置和尺寸偏差的质量标准及验收方法应符合表 5-6 的规定。

现浇结构混凝土位置和尺寸偏差的质量标准及验收方法　　　　　表 5-6

项目	合格质量标准	检查数量	检验方法
主控项目	现浇结构不应有影响结构性能或使用功能的尺寸偏差；混凝土设备基础不应有影响结构性能和设备安装的尺寸偏差 　　对超过尺寸允许偏差且影响结构性能和安装、使用功能的部位，应由施工单位提出技术处理方案，经监理、设计单位认可后进行处理。对经处理的部位应重新验收	全数检查	量测，检查处理记录

231

项目	合格质量标准	检查数量	检验方法
一般项目	现浇结构的位置、尺寸偏差及检验方法应符合表5-7的规定	按楼板、结构缝或施工段划分检验批。在同一检验批内,对梁、柱和独立基础,应抽查构件数量的10%,且不应少于3件;对墙和板,应按有代表性的自然间抽查10%,且不应少于3间;对大空间结构,墙可按相邻轴线间高度5m左右划分检查面,板可按纵、横轴线划分检查面,抽查10%,且均不应少于3面;对电梯井,应全数检查	—
	现浇设备基础的位置和尺寸应符合设计和设备安装的要求。其位置和尺寸偏差及检验方法应符合表5-8的规定	全数检查	—

现浇结构位置、尺寸允许偏差及检验方法 表5-7

项目		允许偏差/mm	检验方法
轴线位置	整体基础	15	经纬仪及尺量
	独立基础	10	经纬仪及尺量
	柱、墙、梁	8	尺量

项　目			允许偏差/mm	检验方法
垂直度	柱、墙层高	≤6m	10	经纬仪或吊线、尺量
		>6m	12	经纬仪或吊线、尺量
	全高（H）≤300m		$H/30000+20$	经纬仪、尺量
	全高（H）>300m		$H/10000$ 且≤80	经纬仪、尺量
标高	层高		±10	水准仪或拉线、尺量
	全高		±30	水准仪或拉线、尺量
截面尺寸	基础		+15，−10	尺量
	柱、梁、板、墙		+10，−5	尺量
	楼梯相邻踏步高差		±6	尺量
电梯井洞	中心位置		10	尺量
	长、宽尺寸		+25，0	尺量
表面平整度			8	2m靠尺和塞尺量测
预埋件中心位置	预埋板		10	尺量
	预埋螺栓		5	尺量
	预埋管		5	尺量
	其他		10	尺量
预留洞、孔中心线位置			15	尺量

注：1. 检查轴线、中心线位置时，沿纵、横两个方向测量，并取其中偏差的较大值。
　　2. H 为全高，单位为 mm。

现浇设备基础位置和尺寸允许偏差及检验方法

表 5-8

项　　目		允许偏差/mm	检验方法
坐标位置		20	经纬仪及尺量
不同平面标高		0，−20	水准仪或拉线、尺量
平面外形尺寸		±20	尺量
凸台上平面外形尺寸		0，−20	尺量
凹槽尺寸		+20，0	尺量
平面水平度	每米	5	水平尺、塞尺量测
	全长	10	水准仪或拉线、尺量
垂直度	每米	5	经纬仪或吊线、尺量
	全高	10	经纬仪或吊线、尺量
预埋地脚螺栓	中心位置	2	尺量
	顶标高	+20，0	水准仪或拉线、尺量
	中心距	±2	尺量
	垂直度	5	吊线、尺量
预埋地脚螺栓孔	中心线位置	10	尺量
	截面尺寸	+20，0	尺量
	深度	+20，0	尺量
	垂直度	$h/100$ 且 $\leqslant 10$	吊线、尺量

项　　目		允许偏差/mm	检验方法
预埋活动地脚螺栓锚板	中心线位置	5	尺量
	标高	+20，0	水准仪或拉线、尺量
	带槽锚板平整度	5	直尺、塞尺量测
	带螺纹孔锚板平整度	2	直尺、塞尺量测

注：1. 检查坐标、中心线位置时，应沿纵、横两个方向测量，并取其中偏差的较大值。

　　2. h 为预埋地脚螺栓孔孔深，单位为 mm。

6 装配式结构工程

6.1 质量通病原因分析及防治措施

6.1.1 预制构件

为了保证装配式结构工程预制构件的质量，要求相关工作人员必须熟悉质量问题的现象和防治方法。常见的装配式结构工程预制构件的质量问题列于表 6-1 中。

预制构件质量通病分析及防治措施

表 6-1

质量通病现象	原 因 分 析	防 治 措 施
预制构件未达到规定强度就进行运输或安装	预制构件混凝土强度未达到规定值就进行运输或安装，易产生变形或裂缝，甚至断裂，质量达不到要求	为了确保构件在运输过程中不发生裂缝和变形，构件运输时的混凝土强度应按照设计图纸的要求，当设计无具体要求时，通常构件不应低于设计强度等级的 70%，屋架和薄壁构件应达到 100% 为了确保构件在吊装中不断裂，预制构件安装时的混凝土强度，须符合设计要求，当设计无具体要求时，通常构件混凝土强度不应低于设计强度等级的 70%，屋架和薄壁构件应达到 100%，预应力混凝土构件孔道灌浆的强度不应小于 15MPa，下层结构承受内力的接头（接缝）的混凝土或砂浆的强度不应该低于 10MPa
预制构件堆放层数过多	堆放层数过多，重量超过地基承载力时，会使地基产生不均匀下沉，导致构件堆放不稳定，易产生裂缝、倾倒、损坏构件	成垛堆放或叠层堆放构件，应该以 100mm×100mm 方木隔开，各层垫木支点应在同一水平面上，并紧靠吊环的外侧，而且在同一条垂直线上。堆放高度应根据构件形状、特点、重量、外形尺寸和堆垛的稳定性和地基承载力大小决定。通常柱子可单层侧放，经抗裂度验算允许也可 2 层平放（图 6-1a、b）；梁类构件一般按照受力支承面采取 2～3 层立放（图 6-1c、d、e）；大型屋面板、圆孔板、槽形板等板类构件叠放不超过 8 层（图 6-2）

质量通病现象	原因分析	防治措施
装配式混凝土的外形失真	由于柱子模板铺设不规范、柱子钢筋未按施工图的要求进行配筋和绑扎、混凝土浇筑、养护与拆模不规范等原因，装配式混凝土的柱长、柱宽等尺寸与设计要求存在一定出入	(1) 柱子模板的铺设 柱子成形选用平卧支模，要求模板架空铺设，基底地坪必须夯实。铺板或者钢模底的横棱间距不大于1m，底模宽度应该大于柱的侧面尺寸，牛腿处应更宽些。侧模高度应同柱的宽度尺寸相同，其目的是方便浇筑后抹平表面。模板并应支撑牢固，避免浇灌时脱开、胀模、变形，而导致构件不合格构件 (2) 绑扎柱子钢筋 柱子钢筋应按照施工图的配筋进行穿箍绑扎。应注意的是：牛腿处钢筋的绑扎和预埋铁件的安装以及柱顶部的预埋铁板安装，都要做到钢筋长短、规格、数量，箍筋规格、间距的正确无误。最后垫好保护层垫块，并且进行隐蔽检查验收 (3) 浇筑混凝土 混凝土浇筑应符合下列要求： 1) 柱浇筑前底部应先填以5～10cm厚与混凝土配合比同样的减石子砂浆，柱混凝土应分层振捣，使用插入式振捣器时每层厚度不大于50cm，振捣棒不可触动钢筋与预埋件。除上面振捣外，下面也要有人随时敲打模板 2) 柱高在3m内，可以在柱顶直接下灰浇筑；超过3m时，应采取措施（用串桶）或在模板侧面开门子洞安装斜溜槽分段浇筑。每段高度不可超过2m，每段混凝土浇筑后将门子洞模板封闭严实，并且用箍箍牢 3) 柱子混凝土应该一次浇筑完毕，如需留施工缝时应留在主梁下面；无梁楼板应留在柱帽下面。在与梁板整体浇筑时，应该在柱浇筑完毕后停歇1～1.5h，使其获得初步沉实，再继续浇筑 4) 浇筑完后，应该随时将伸出的搭接钢筋整理到位 5) 要求浇筑时认真振捣，混凝土水灰比与坍落度应尽可能小。特别是边角处要密实，拆模后棱角应清晰、美观。浇筑面要拍抹平整，最后用铁抹子压光 (4) 养护与拆模 等待表面硬化、手按无痕时，覆盖草帘浇水进行养护。养护要有专人，按照规范规定时间进行养护，以使混凝土强度的增长。应在混凝土强度达到70%以上后，可以适当抽去横棱（最后间距不大于4m）与部分底模

质量通病现象	原 因 分 析	防 治 措 施
竖向立放的构件在现场随意靠放	竖向立放的构件在现场随意靠放，容易造成构件受力不均匀，致使构件变形或裂缝，甚至倾倒断裂，质量达不到要求	屋架、托架、薄腹屋面梁及 T 形梁等构件，其侧向刚度较差，宜采取正立放置（图 6-3），不可平放或斜放，以防止将弦杆折断，或发生倒排事故；民用大型墙板多采取侧立放置，但应该设置钢筋混凝土靠放架或钢支架，或者钢插放架，构件间用木楔塞紧，以防止晃动和倾倒（图 6-4），必须对称靠放和吊运，其倾斜角度应保持大于 80°
预埋件位移	（1）浇筑混凝土时，由于预埋件在模板内固定不牢，经振动使预埋件偏移 （2）预埋件锚固筋设计不合理，与钢筋骨架主筋或箍筋相碰。如果勉强装入模板内，不易放准位置，也不易放平 （3）振捣混凝土时，振动棒与预埋件直接接触，使预埋件移位	（1）将预埋件放在设计位置后，四周用铁钉固定。根据预埋件大小确定铁钉数量，每边至少有一个钉子。用铁钉固定预埋件如图 6-5 所示 （2）预埋件在构件侧面位置时，可用在侧模上留槽加卡子的方法固定，如图 6-6 所示。即在模板设计位置上根据预埋件大小预留深度为 3～5mm 的凹槽，槽的长度和宽度应比预埋件大 3mm 左右，预埋件放入槽内用卡子卡牢，待混凝土振捣密实后再拔出卡子。这种方法用于工具式螺栓法固定预埋件时，每个预埋件最好用两个螺栓，防止预埋件转动移位；如果采用一个螺栓，可以结合加钉子的方法固定 （3）用两头带丝扣的螺栓将预埋件固定在模板上的方法有两种：即一种方法是在预埋件铁板上打洞套丝扣，如图 6-7 所示，利用铁板上的丝扣固定预埋件，待混凝土振捣密实后卸下螺栓。另一种方法是在预埋件铁板上焊上一个螺母，如图 6-8 所示，混凝土振捣密实后卸下螺栓，构件脱模后再砸下螺母，重复使用 用工具式螺栓法固定预埋件时，每个预埋件最好用两个螺栓，防止预埋件转动移位。如果采用一个螺栓，可以结合加钉子的方法固定 （4）梁端预埋件可采用如图 6-9 所示的方法固定，即利用主筋压住预埋件，防止位移 （5）认真审查预埋件的图纸，如果发现预埋件的锚固筋与骨架钢筋相碰，可以适当改变锚固筋的位置与做法（例如，将弯钩改变方向或取消弯钩等），使预埋件顺利安装入模 （6）振捣混凝土时，振动棒不要将预埋件振动歪斜，应设专人在振动完毕后整理预埋件

质量通病现象	原 因 分 析	防 治 措 施
预制构件采用蒸汽养护时，升、降温速度过快	预制构件采用蒸汽养护时，如果控制混凝土蒸汽养护的升、降温度不严格，升、降温过快，使混凝土表面急骤过热或降温，会产生较大的温度应力，这时因混凝土早期强度较低，导致构件表面或肋部容易出现温度裂缝	构件采用蒸汽养护，应严格控制升、降温速度 （1）升温速度，对薄壁构件（如多肋楼板、多孔楼板），不得超过25℃/h；对其他混凝土构件，不得超过20℃/h；对采用干硬性混凝土制作的构件，不可超过40℃/h （2）恒温加热阶段应保持90%～100%的相对湿度，最高加热温度不可大于90℃ 对选用先张法施工的预应力构件，其最高允许温度应根据设计要求的允许温差（张拉钢筋时的温度与台座温度之差）经计算确定；对采用粗钢筋配筋的构件，当混凝土强度养护至7.5N/mm²以上时，对采用钢丝、钢绞线配筋的构件，当混凝土强度养护至10.0N/mm²以上时，可以不受设计要求的温差限制，按照一般构件的蒸汽养护规定进行 （3）降温速度应缓慢，并立即脱模，避免引起过大的应力。降温速度不得超过10℃/min；构件出池后，其表面与外界的温差不得大于20℃；采用硅酸盐水泥、普通硅酸盐水泥配制的预制构件，蒸养前宜先在常温下静停2～6h；选用模腔通蒸汽的成组立模方法制作的预制构件，出池后与外界的温差可以不受限制
预制钢筋混凝土桩桩顶强度不足	因为混凝土设计强度等级偏低；浇筑混凝土的顺序不当、振捣不密实以及养护不良等原因，造成桩顶混凝土强度不足，常常导致打桩过程中桩顶碎裂，没有办法打入设计标高	预制钢筋混凝土桩在施工时，可采取如下防治措施： （1）预制桩混凝土强度等级不宜低于C30 （2）桩身混凝土浇筑顺序须从桩顶开始，并认真振捣密实，并按规定时间认真覆盖浇水养护 （3）如果桩顶已破碎严重，可把桩顶剔平补强，或加钢板箍后再沉桩，需要时用合格桩进行补桩

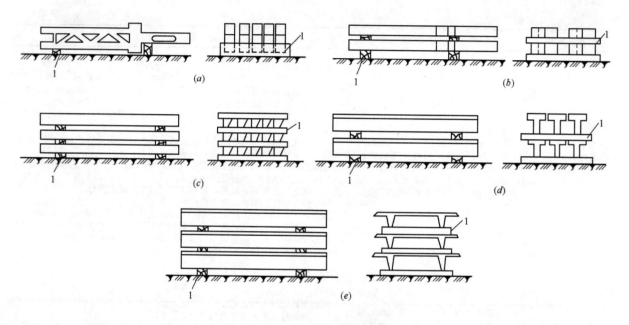

图 6-1　柱、梁类构件堆放

(a) 柱侧向堆放；(b) 柱子平放；(c) 梁叠放；(d) 吊车梁叠放；(e) 双 T 梁叠放

1—垫木

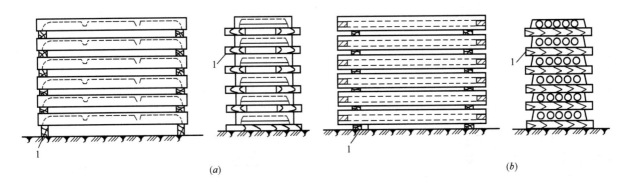

图 6-2　大型屋面板、圆孔板堆放

（a）屋面板；（b）圆孔板

1—垫木

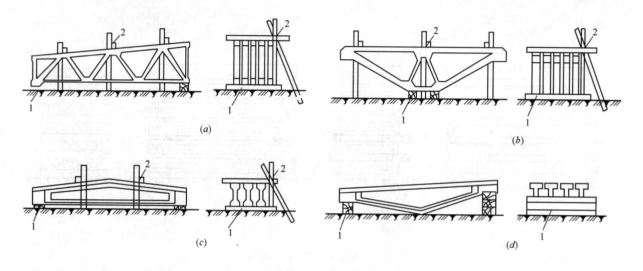

图 6-3 屋架、托架及屋面梁的堆放

(a) 屋架的堆放；(b) 托架的堆放；(c)、(d) 屋面梁的堆放

1—垫木；2—木支撑架、铁丝绑牢

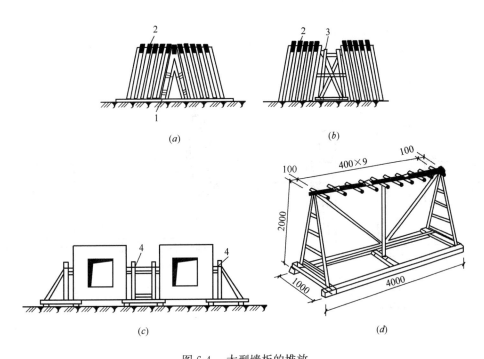

图 6-4　大型墙板的堆放

(a) 钢筋混凝土靠放架堆放；(b) 杉木杆堆放架堆放；(c) 钢或木架堆放；(d) 墙板插放架

1—靠放架；2—木楔；3—杉木杆；4—木支架或钢支架

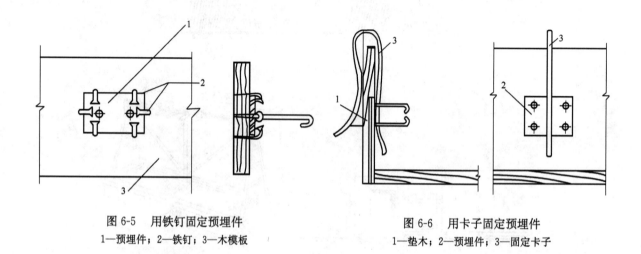

图 6-5　用铁钉固定预埋件
1—预埋件；2—铁钉；3—木模板

图 6-6　用卡子固定预埋件
1—垫木；2—预埋件；3—固定卡子

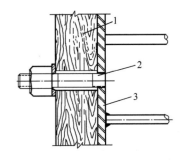

图 6-7　用工具式螺栓固定预埋件（一）
1—木模板；2—螺栓；3—预埋件

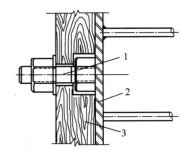

图 6-8　用工具式螺栓固定预埋件（二）
1—螺栓；2—预埋件；3—木模板

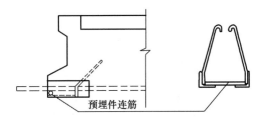

图 6-9　梁端预埋件的固定方法

6.1.2 安装与连接

为了保证装配式结构工程安装与连接的质量，要求相关工作人员必须熟悉质量问题的现象和防治方法。常见的装配式结构工程安装与连接的质量问题列于表 6-2 中。

安装与连接质量通病分析及防治措施

表 6-2

质量通病现象	原因分析	防治措施
预制构件吊点位置不经计算随意设置，起吊方法不正确	吊点位置没有经设计计算，凭想象随意设置，起吊方法不符合设计要求，不验算构件在起吊过程中所产生的内力能否符合要求，贸然起吊，易造成构件起吊时"头重脚轻"，就位困难，甚至使构件出现裂缝	起吊前应按照设计要求设置构件吊点位置，当设计无具体要求时，应按照计算确定吊点，吊点位置确定后再进行混凝土裂缝开展验算 在起吊大型空间构件或者薄壁构件，侧向刚度较差的构件前，应采取加固措施防止构件损伤或变形，如起吊时用脚手杆横向加固，并设牵引绳，防止吊装过程中晃动碰撞。构件在起吊时，绳索与构件水平面所成夹角不宜小于 45°，当小于 45°时应该经验算或采取横吊梁起吊 吊装方法通常应采用一点吊或两点吊，承载能力不够的也可以采取多机多点吊，但须经过计算确定其是否符合要求。当起吊方法与设计要求不同时，应该验算构件在起吊过程中所产生的内力能否符合要求。构件安装就位后，应采取确保构件稳定性的临时固定措施，防止发生倾覆、移动等事故
预制构件安装就位后，没有及时采取一定的临时固定措施	预制构件安装就位后，如果没有及时采取一定的临时固定措施，构件容易发生移位、倾倒等事故	在编制施工组织设计或者结构吊装方案中，须考虑并包含各类预制构件在安装就位脱钩后的临时固定措施，经批准后在施工中认真实施。通常构件安装校正与临时固定同时进行。如柱子插入杯口就位，初位校正后，即用钢楔（或硬木楔）临时固定，如图 6-10 所示。重型或高 10m 以上细长柱及杯口较浅的柱或遇刮风天气，有时还在柱大面两侧加缆风绳或者支撑来临时固定 屋架的临时固定是在第一榀屋架就位和校正后，立即用缆风绳或脚手杆临时固定，固定点不少于 2 个，并且随即将屋架端头与柱预埋件进行定位焊接，跨度不大的屋架，可将屋架上弦固定在山墙抗风柱顶部；对大跨度屋架，在校正临时固定后，随即进行最后焊接固定。第二榀及以后的屋架，则可用杉杆绑扎固定或者用工具式校正器支撑（图 6-11）与已经安装屋架连接临时固定

质量通病现象	原因分析	防 治 措 施
装配式构件吊装后发生位移、偏差	柱、屋架、吊车梁吊装后产生位移、偏差，会严重影响工程质量	在吊装之前应对构件进行一次全面检查，以确保工程质量及吊装工作的顺序进行，复查构件的制作尺寸是否存在偏差，预埋件尺寸、位置是否准确；构件是否存在裂痕与变形，混凝土强度是否达到设计要求（如无要求，是否达到设计强度的75%）。预应力混凝土构件孔道灌浆的强度是否已达到了15MPa。仅有达到以上的要求，才可进行吊装。为了使构件吊装时便于对位、校正，须在构件上标注几何中心线作为吊装准线 （1）柱子应在柱身的三面弹出其几何中心线，此中心线应与柱基础杯口上的中心线相吻合，对工字形截面柱，除弹出几何中心线外，还应在其翼缘部分弹一条与中心线相平行的辅测线，以免校正时产生观测视差，此外在柱顶面和牛腿面上要弹出屋架和吊车梁的吊装准线 （2）屋架的上弦顶面应当弹出几何中心线，并从跨中央向两端分别弹出天窗架、屋面板的吊装准线；在屋架的两个端头弹出屋架的吊装准线以便于屋架安装对位与校正 （3）吊车梁的弹线应符合下列规定： 1）吊车梁中心线应根据柱子实际安装情况在保证吊车横向跨距的情况下，以全长适宜的小柱中心为准，取直线确定，并且以此作为土建、机电共同使用的施测控制线 2）轨道中心线在按照吊车横向跨距允许的情况下，以安装全长适宜的吊车梁或腹板的中心为准，取直线作为最终的吊车轨道中心 3）吊车梁安装前应实测梁的端部高度并尽量将同一误差范围的吊车梁搭配安装，以得轨面标高的均一。在对构件弹线的同时，还应按照图纸将构件逐个编号，应标注在统一的位置，对不易区分上下左右的构件，应在构件上标明记号

质量通病现象	原因分析	防治措施
预制构件安装的偏差过大	因为构件制作尺寸偏差过大，拼装时扭曲以及安装工艺不合理，工人操作不专心等原因，导致构件安装偏差过大，会产生较大的附加应力，易出现裂缝，甚至影响结构的安全度	预制构件安装时，可采取以下几种措施： (1) 进场预制构件应仔细检查其外观质量和外形尺寸，超过规范允许偏差的，应剔除不用，或者与设计人员研究处理措施后使用 (2) 认真、细致地学习并全面掌握施工图纸、设计变更等内容，及施工组织设计或者吊装施工方案中规定的吊装程序、方法及质量安全技术措施、质量标准 (3) 质量安装的允许偏差须控制在允许偏差范围内，如果超过允许偏差，须通过设计单位作出处理
预制构件拼装扭曲	由于分部制作的构件块体本身几何尺寸偏差过大；中间拼接点有错位；平拼时拼装台翘曲不平，立拼时临时支撑架刚度差，受力产生变形等原因，造成构件拼装节点错口，构件发生扭曲，达不到质量要求	(1) 严格检查预制块体本身的尺寸及组拼后的几何尺寸，特别注意构件对角线尺寸的准确，如发现中间拼接点错口移位时应及时处理，以避免构件产生扭曲变形 (2) 构件平拼应设置拼装台，地面应夯实。在地面上每个拼装块体位置各用 3 根 100mm×100mm 截面方木垫平，用水准仪测平，用木楔垫平垫实，将两半榀天窗架吊到方木平台上（图 6-12），在天窗架上下两墙处校正跨距，一面焊好后，必须用杉木杆或者其他材料加固，翻身焊另一面。焊接时采用间隔、分段、分层施焊，防止变形，焊完后吊至吊装平面布置图规定的位置立放 (3) 立拼支承架应有充足的刚度、牢度。图 6-13 为 33m 预应力混凝土屋架立拼装。在每个块体的两端设枕木或砖墩，高不少于 300mm，找平、垫实，使标高一平，弹出屋架基准线，块体用起重机吊上就位，对准基准线合缝后，在上弦部位稳住，每个块体不可少于 2 个并用 8 号钢丝将上弦与人字架绑牢。然后穿入预应力筋，检查屋架跨度、垂直度、几何尺寸、侧向弯曲、起拱、上弦连接点及预应当力筋孔洞是否对齐，如不符合要求，采用千斤顶顶起，打入木楔，或用捯链慢拉等办法调整。校正后先焊上弦拼接板，与此同时进行下弦接点的砂浆灌缝，待砂浆达到强度，预应力筋张拉灌浆后，焊下弦拼接钢板，并且进行上弦节点的灌缝工作

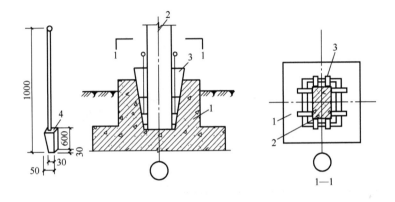

图 6-10 柱子临时固定方法

1—杯形基础；2—柱子；3—钢楔或木楔；4—钢塞

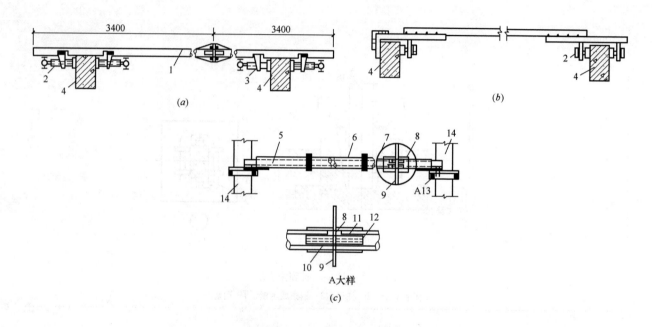

图 6-11　用工具式校正器校正和临时固定屋架和托架

（a）工具式校正器校正固定屋架；（b）、（c）简易校正器校正固定屋架、天窗器

1—钢管；2—调节螺栓；3—撑脚；4—屋架上弦；5—首节；6—中节；7—尾节；8—钢套管；

9—摇把；10—左旋螺母；11—右旋螺母；12—倒顺螺栓；13—夹箍；14—天窗架立柱

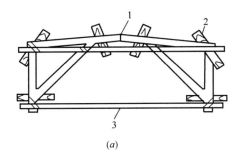
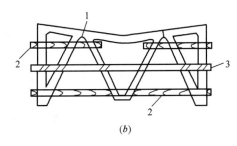

(a)

(b)

图 6-12　天窗架拼装

(a) Ⅱ形天窗架平拼；(b) M形天窗架平拼

1—拼装点；2—垫木；3—加固木杆用钢丝绑扎

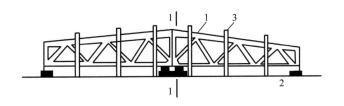
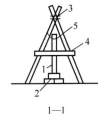

1—1

图 6-13　屋架的立拼装

1—33m预应力混凝土屋架块体；2—枕木或砖墩；3—木人字架；4—横挡木钢丝绑牢；5—8号钢丝固定上弦

6.2 装配式结构工程质量标准及验收方法

6.2.1 一般规定

（1）装配式结构连接节点及叠合构件浇筑混凝土前，应进行隐蔽工程验收。隐蔽工程验收应包括下列主要内容：

1）混凝土粗糙面的质量，键槽的尺寸、数量、位置。

2）钢筋的牌号、规格、数量、位置、间距，箍筋弯钩的弯折角度及平直段长度。

3）钢筋的连接方式、接头位置、接头数量、接头面积百分率、搭接长度、锚固方式及锚固长度。

4）预埋件、预留管线的规格、数量、位置。

（2）装配式结构的接缝施工质量及防水性能应符合设计要求和国家现行相关标准的要求。

6.2.2 预制构件

装配式结构工程预制构件的质量标准及验收方法应符合表 6-3 的规定。

装配式结构工程预制构件的质量标准及验收方法 表 6-3

项目	合格质量标准	检查数量	检验方法
主控项目	预制构件的质量应符合《混凝土结构工程施工质量验收规范》（GB 50204—2015）、国家现行相关标准的规定和设计的要求	全数检查	检查质量证明文件或质量验收记录

项目	合格质量标准	检查数量	检验方法
主控项目	混凝土预制构件专业企业生产的预制构件进场时，预制构件结构性能检验应符合下列规定： （1）梁板类简支受弯预制构件进场时应进行结构性能检验，并应符合下列规定： 1）结构性能检验应符合国家现行相关标准的有关规定及设计要求，检验要求和试验方法应符合《混凝土结构工程施工质量验收规范》（GB 50204—2015）附录B的规定 2）钢筋混凝土构件和允许出现裂缝的预应力混凝土构件应进行承载力、挠度和裂缝宽度检验；不允许出现裂缝的预应力混凝土构件应进行承载力、挠度和抗裂检验 3）对大型构件及有可靠应用经验的构件，可只进行裂缝宽度、抗裂和挠度检验 4）对使用数量较少的构件，当能提供可靠依据时，可不进行结构性能检验 （2）对其他预制构件，除设计有专门要求外，进场时可不做结构性能检验 （3）对进场时不做结构性能检验的预制构件，应采取下列措施： 1）施工单位或监理单位代表应驻厂监督制作过程 2）当无驻厂监督时，预制构件进场时应对预制构件主要受力钢筋数量、规格、间距及混凝土强度等进行实体检验	每批进场不超过1000个同类型预制构件为一批，在每批中应随机抽取一个构件进行检验	检查结构性能检验报告或实体检验报告 注："同类型"是指同一钢种、同一混凝土强度等级、同一生产工艺和同一结构形式。抽取预制构件时，宜从设计荷载最大、受力最不利或生产数量最多的预制构件中抽取
	预制构件的外观质量不应有严重缺陷，且不应有影响结构性能和安装、使用功能的尺寸偏差	全数检查	观察，尺量；检查处理记录
	预制构件上的预埋件、预留插筋、预埋管线等的材料质量、规格和数量以及预留孔、预留洞的数量应符合设计要求	全数检查	观察

项目	合格质量标准	检查数量	检验方法
一般项目	预制构件应有标识	全数检查	观察
	预制构件的外观质量不应有一般缺陷	全数检查	观察，检查处理记录
	预制构件的尺寸偏差及检验方法应符合表 6-4 的规定；设计有专门规定时，尚应符合设计要求。施工过程中临时使用的预埋件，其中心线位置允许偏差可取表 6-4 中规定数值的 2 倍	同一类型的构件，不超过 100 件为一批，每批应抽查构件数量的 5%，且不应少于 3 件	—
	预制构件的粗糙面的质量及键槽的数量应符合设计要求	全数检查	观察

预制构件尺寸的允许偏差及检验方法　　　　　　　　　　　　　　表 6-4

项　　目		允许偏差/mm	检验方法
长度	楼板、梁、柱、桁架 ＜12m	±5	尺量
	≥12m 且＜18m	±10	
	≥18m	±20	
	墙板	±4	
宽度、高（厚）度	楼板、梁、柱、桁架	±5	尺量一端及中部，取其中偏差绝对值较大处
	墙板	±4	
表面平整度	楼板、梁、柱、墙板内表面	5	2m 靠尺和塞尺量测
	墙板外表面	3	

项　　目		允许偏差/mm	检验方法
侧向弯曲	楼板、梁、柱	$l/750$ 且≤20	拉线、直尺量测最大侧向弯曲处
	墙板、桁架	$l/1000$ 且≤20	
翘曲	楼板	$l/750$	调平尺在两端量测
	墙板	$l/1000$	
对角线	楼板	10	尺量两个对角线
	墙板	5	
预留孔	中心线位置	5	尺量
	孔尺寸	±5	
预留洞	中心线位置	10	尺量
	洞口尺寸、深度	±10	
预埋件	预埋板中心线位置	5	尺量
	预埋板与混凝土面平面高差	0，−5	
	预埋螺栓	2	
	预埋螺栓外露长度	+10，−5	
	预埋套筒、螺母中心线位置	2	
	预埋套筒、螺母与混凝土面平面高差	±5	

项 目		允许偏差/mm	检验方法
预留插筋	中心线位置	5	尺量
	外露长度	+10，-5	
键槽	中心线位置	5	尺量
	长度、宽度	±5	
	深度	±10	

注：1. l 为构件长度，单位为 mm。

2. 检查中心线、螺栓和孔道位置偏差时，沿纵、横两个方向量测，并取其中偏差较大值。

6.2.3 安装与连接

装配式结构工程安装与连接的质量标准及验收方法应符合表 6-5 的规定。

装配式结构工程安装与连接的质量标准及验收方法　　表 6-5

项目	合格质量标准	检查数量	检验方法
主控项目	预制构件临时固定措施的安装质量应符合施工方案的要求	全数检查	观察
	钢筋采用套筒灌浆连接或浆锚搭接连接时，灌浆应饱满、密实	全数检查	检查灌浆记录

项目	合格质量标准	检查数量	检验方法
主控项目	钢筋采用套筒灌浆连接或浆锚搭接连接时，其连接接头质量应符合国家现行相关标准的规定	按国家现行相关标准的有关规定确定	检查质量证明文件及平行加工试件的检验报告
	钢筋采用焊接连接时，其接头质量应符合现行行业标准《钢筋焊接及验收规程》(JGJ 18—2012)的规定	按现行行业标准《钢筋焊接及验收规程》(JGJ 18—2012)的有关规定确定	检查质量证明文件及平行加工试件的检验报告
	钢筋采用机械连接时，其接头质量应符合现行行业标准《钢筋机械连接技术规程》(JGJ 107—2010)的规定	按现行行业标准《钢筋机械连接技术规程》(JGJ 107—2010)的有关规定确定	检查质量证明文件、施工记录及平行加工试件的检验报告
	预制构件采用焊接、螺栓连接等连接方式时其材料性能及施工质量应符合国家现行标准《钢结构工程施工质量验收规范》(GB 50205—2001)和《钢筋焊接及验收规程》(JGJ 18—2012)的相关规定	按国家现行标准《钢结构工程施工质量验收规范》(GB 50205—2001)和《钢筋焊接及验收规程》(JGJ 18—2012)的规定确定	检查施工记录及平行加工试件的检验报告

257

项目	合格质量标准	检查数量	检验方法
主控项目	装配式结构采用现浇混凝土连接构件时,构件连接处后浇混凝土的强度应符合设计要求	对同一配合比混凝土,取样与试件留置应符合下列规定: (1) 每拌制 100 盘且不超过 100m³ 时,取样不得少于一次 (2) 每工作班拌制不足 100 盘时,取样不得少于一次 (3) 连续浇筑超过 1000m³ 时,每 200m³ 取样不得少于一次 (4) 每一楼层取样不得少于一次 (5) 每次取样应至少留置一组试件	检查混凝土强度试验报告
	装配式结构施工后,其外观质量不应有严重缺陷,且不应有影响结构性能和安装、使用功能的尺寸偏差	全数检查	观察,量测;检查处理记录
一般项目	装配式结构施工后,其外观质量不应有一般缺陷	全数检查	观察,检查处理记录

项目	合格质量标准	检查数量	检验方法
一般项目	装配式结构施工后，预制构件位置、尺寸偏差及检验方法应符合设计要求；当设计无具体要求时，应符合表 6-6 的规定。预制构件与现浇结构连接部位的表面平整度应符合表 6-6 的规定	按楼层、结构缝或施工段划分检验批。在同一检验批内，对梁、柱和独立基础，应抽查构件数量的 10%，且不应少于 3 件；对墙和板，应按有代表性的自然间抽查 10%，且不应少于 3 间；对大空间结构，墙可按相邻轴线间高度 5m 左右划分检查面，板可按纵、横轴线划分检查面，抽查 10%，且均不应少于 3 面	

装配式结构构件位置和尺寸允许偏差及检验方法　　　　　　　　表 6-6

项　　　　目			允许偏差/mm	检验方法
构件轴线位置	竖向构件（柱、墙板、桁架）		8	经纬仪及尺量
	水平构件（梁、楼板）		5	
标高	梁、柱、墙板、楼板底面或顶面		±5	水准仪或拉线、尺量
构件垂直度	柱、墙板安装后的高度	≤6m	5	经纬仪或吊线、尺量
		>6m	10	
构件倾斜度	梁、桁架		5	经纬仪或吊线、尺量

项　　目			允许偏差/mm	检验方法
相邻构件平整度	梁、楼板底面	外露	5	2m靠尺和塞尺量测
		不外露	3	
	柱、墙板	外露	5	
		不外露	8	
构件搁置长度	梁、板		±10	尺量
支座、支垫中心位置	板、梁、柱、墙板、桁架		10	尺量
墙板接缝宽度			±5	尺量

参 考 文 献

[1] 国家标准.《预应力混凝土用钢丝》GB/T 5223—2014[S]. 北京：中国标准出版社，2015.

[2] 国家标准.《预应力用钢绞线》GB/T 5224—2014[S]. 北京：中国标准出版社，2015.

[3] 国家标准.《预应力混凝土用钢棒》GB/T 5223.3—2005[S]. 北京：中国标准出版社，2005.

[4] 国家标准.《混凝土结构工程施工质量验收规范》GB 50204—2015[S]. 北京：中国建筑工业出版社，2015.

[5] 国家标准.《组合钢模板技术规范》GB/T 50214—2013[S]. 北京：中国计划出版社，2014.

[6] 国家标准.《混凝土结构工程施工规范》GB 50666—2011[S]. 北京：中国建筑工业出版社，2011.

[7] 行业标准.《钢筋焊接及验收规程》JGJ 18—2012[S]. 北京：中国建筑工业出版社，2012.

[8] 行业标准.《普通混凝土配合比设计规程》JGJ 55—2011[S]. 北京：中国建筑工业出版社，2011.

[9] 行业标准.《钢筋机械连技术规程》JGJ 107—2010[S]. 北京：中国建筑工业出版社，2010.

[10] 陈高峰. 混凝土工程施工现场常见问题详解[M]. 北京：知识产权出版社，2013.

[11] 朱国梁，顾雪龙. 简明混凝土工程施工手册[M]. 北京：中国环境科学出版社，2003.

[12] 上海市工程建设监督研究院. 建筑施工禁忌手册[M]. 北京：中国建筑工业出版社，2000.

[13] 宋功业，邵界立. 混凝土工程施工技术与质量控制. 北京：中国建筑工业出版社，2003.

[14] 彭尚银，杨南方. 混凝土结构工程施工质量问答. 北京：中国建筑工业出版社，2004.